3D-VSP多波资料处理及解释

刘明洋　著

东北大学出版社

·沈　阳·

图书在版编目（CIP）数据

3D-VSP多波资料处理及解释 / 刘明洋著. -- 沈阳 : 东北大学出版社，2025.1. -- ISBN 978-7-5517-3558-2

Ⅰ. P631.3

中国国家版本馆CIP数据核字第2024XT2801号

出 版 者：东北大学出版社
地址：沈阳市和平区文化路三号巷11号
邮编：110819
电话：024-83683655（总编室）
024-83687331（营销部）
网址：http://press.neu.edu.cn
印 刷 者：辽宁一诺广告印务有限公司
发 行 者：东北大学出版社
幅面尺寸：170 mm × 240 mm
印 张：10.25
字 数：183千字
出版时间：2025年1月第1版
印刷时间：2025年1月第1次印刷
策划编辑：曲 直
责任编辑：项 阳
责任校对：邱 静
封面设计：潘正一
责任出版：初 茗

ISBN 978-7-5517-3558-2 定价：69.00元

内容简介

三维垂直地震剖面（three-dimensional vertical seismic profiling，3D-VSP）多波资料处理是一项系统工程。本书对3D-VSP勘探技术进行详述，并通过该技术结合岩石及岩石物性参数变化规律进行研究，结合地震剖面及测井资料进行子波提取、地震记录合成、剖面压缩、层位的对比与标定，以及用振幅随偏移距的变化（amplitude variation with offset，AVO）技术对地区弹性参数的敏感性分析，取得了较好的解释成果。本书在对国内外相关文献资料的搜集、整理与分析的基础上，从3D-VSP视角出发，对多波资料处理及解释进行归纳与梳理，为地震勘探资料处理与解释提供参考。本书的创新之处主要体现在以下几个方面：

（1）多波多分量勘探与单一纵波勘探相比，能提供的地震属性信息将会成倍增加，并能衍生出各种组合参数。

（2）垂直地震剖面（vertical seismic profiling，VSP）比常规地震剖面有更高的信噪比和更大的穿透深度，VSP便于通过井孔进行三分量观测。

（3）VSP不仅可分别利用上行波和下行波，而且可利用纵波、转换波和首波等多种类型的波；与陆上勘探资料结合，可减少地震反演的多解性等。

本书针对3D-VSP多波资料的特殊性，研究了一系列叠前处理方法和解释方法，建立了叠前处理流程，满足了3D-VSP多波资料处理及解释的需要。同时在3D-VSP多波动校正道集的基础上，实现了3D-VSP多波叠前参数反演，可直接获得地层纵波速度、横波速度、密度参数，为储层预测提供可靠依据。

序　言

随着油气勘探难度的增加，常规纵波地震勘探技术面临诸多挑战，如如何有效减少纵波勘探的多解性，准确定位小断层、礁体、古潜山，识别真假亮点，提高地震记录分辨率等。要解决这一系列复杂问题，急需高精度和高可信度的地震资料处理与解释技术。近年来，3D-VSP多波勘探技术有了较大发展。一方面，多波多分量勘探与单一纵波勘探相比，所能提供的地震属性信息将会成倍增加，并能衍生出各种组合参数；利用这些参数估算地层岩性与识别流体等将比仅依靠纵波的可靠性更高，可以最大限度地消除利用单纯纵波进行储层预测的不唯一性。另一方面，VSP比常规地震剖面有更高的信噪比和更大的穿透深度，便于通过井孔进行三分量观测，从本质上对矢量场进行观测和分析。在此基础上，VSP不仅可分别利用上行波和下行波，而且可利用纵波、转换波、首波等多种类型波；与陆上勘探资料结合，可减少地震反演的多解性等。

在三维三分量VSP（3D3C-VSP）资料处理中存在许多新问题，而VSP三分量检波器坐标定位及波场分离处理是首先要解决的问题，也是VSP处理中的重要任务。目前，3D-VSP多波资料处理与解释的主要问题是VSP速度分析及动校正、波场分离、射线正演、多波多分量的标定和对比，其中最重要的是子波的选取与层位标定。其次，需要对多分量地震属性进行分析，然后利用多参数进行流体识别。本书在对国内外相关文献资料的搜集、整理与分析基础上，从3D-VSP视角出发，对多波资料处理及解释进行归纳与梳理，为地震勘探资料处理与解释提供参考。本书的主要内容安排如下：

第1章，引言。本章主要简述地震资料处理与解释的研究背景、研究意义和国内外研究现状、内容及技术路线。在参考阅读大量的国内外文献之后，确定撰写思路。

第2章，VSP勘探方法及基础。本章主要介绍VSP勘探方法的基本特征、VSP中的主要地震波以及VSP的观测方法——零井源距观测、非零井源距观测、逆VSP观测、斜井VSP观测与3D-VSP观测。

第3章，VSP三分量检波器定向方法。本章详解不同偏振特性的P波、转换SV波以及SH波三分量合成的目的，并对直井和斜井VSP三分量检波器定向方法及原理进行分析。

第4章，VSP速度分析及动校正方法。本章分别梳理水平介质条件下VSP中P-P波、P-SV波时距曲线方程，以及P-P波、P-SV波反射点计算及动校正原理。

第5章，$\tau-p$ 域滤波场分离。为去除原始VSP记录剖面的干扰波，充分利用VSP有用信息，补充地面勘探的不足，引入 $\tau-p$ 域滤波场分离。本章介绍了 $\tau-p$ 变换法波场分离步骤、$\tau-p$ 变换法波场分离以及 $\tau-p$ 变换与偏振分析相结合的方法与原理。

第6章，3D-VSP射线正演理论及方法。本章对几何射线追踪、渐进射线追踪的振幅、相位、波形、质点振动方向等其他动力学特征进行介绍与对比。

第7章，多波解释基础与工区概况。本章简述岩石物理学基础，剖析岩石弹性模量变化规律，并介绍歧口18-2油田地质概况及其沉积相与储层特征。

第8章，多波多分量合成地震记录。本章内容主要包括测井资料处理及解释、子波提取与合成地震记录。

第9章，多波多分量层位对比与标定。本章内容包括连井剖面对比、转换波剖面压缩及层位对比与标定。

第10章，歧口18-2油田储层预测。本章利用频谱分析、振幅比、频率比及AVO分析法对歧口18-2地区储层进行预测，在总结3D-VSP多波资料处理及解释的结论后，提出相关建议。

刘明洋

2024年3月12日

目 录

第1章 引　言

1.1 研究背景及意义

随着世界能源需求的不断增长，石油不但作为能源消费在国家经济中占据着重要的地位，而且在国家发展战略、经济及政治安全中都占有重要的地位。我国正处于石油资源短缺比较严重的时期，石油供需矛盾日益加剧。经过几十年卓有成效的油气勘探及大规模开发，类型相对简单的、较易发现的油气藏即将开采殆尽。当前，随着油气勘探难度的不断增加，相对易于发现的构造油气藏越来越少，薄互层、泥灰岩、砂砾岩、火成岩等特殊类型的油气藏在新增储量中所占的份额越来越大。泥质岩油气藏作为一种特殊的岩性油气藏，在开采时要求使用高精度、高清晰度和高可信度的地震勘探资料处理和解释技术。

多波多分量地震勘探具有多参数特征优势、检测裂缝与振幅特征优势，因此在预测地下流体时，通过充分利用各向异性特征和多波多分量地震记录的独特信息，不仅能有效地减少纵波勘探的多解性，而且能定量地描述裂缝储层。与此同时，多波多分量地震勘探还能改善某些纵波资料成像不好地区的构造成像，从而可获得比纵波分辨率高的多波剖面，有利于研究小幅度断层、构造、裂缝、裂隙等复杂地质现象，对油气勘探与开发具有现实意义和实用价值。通过对地下油气储层裂隙诱导各向异性的研究，有望弄清裂缝、裂隙的分布和密度情况，甚至明确裂缝、裂隙中充填物的性质，为油气勘探和开发提供重要的储层描述资料。

当前，地震勘探和开发工作急需高精度和高可信度的技术，而VSP技术恰好能够基本满足上述需求。VSP技术可避开低速带的影响，提高记录分辨率，确定地震同相轴与地质层位的对应关系；地表恶劣地区可用VSP测量替代填补地面地震的空白带，提高探区储层预测技术的应用水平。采用储层地震属性优化及属性体综合解释技术对地震属性进行量化处理，生成可解释的断层和隐蔽地层构造的图像。

随着油气勘探开发的不断深入，油气储集体越来越复杂，勘探重点由原来的构造油气藏向岩性油气藏、隐蔽油气藏转移。针对当前地震资料的特点，必须综合利用多波多分量勘探、VSP、属性体综合解释等技术，使研究直观而准确地把握岩性体在空间内的变化特点，以及识别层位、确定层速度、确定地震同相轴与地质层位的对应关系，更加细致地描述岩性体的发育及油气藏的内部特征，使解释结果定量化，也使解释精度从根本上得到改善，从而有效地指导油气勘探与开发。由此可见，三维多波（含VSP）资料处理与联合解释方法对探区油气藏的解释具有重要的实际意义和指导作用。

1.2 国内外研究现状

1.2.1 多波多分量地震勘探发展现状

多波多分量地震勘探（又名全波地震勘探）是指用纵波或横波震源激发，利用三分量检波器记录地震纵波、横波与转换波，从而获得丰富的地震数据信息的过程。多波多分量地震勘探的发展历程可追溯到19世纪20年代，泊松首先认识到弹性扰动一般由纵波和横波组成。多波多分量地震勘探大约经历了三个阶段。20世纪30年代，苏联首先进行了横波勘探的研究与实践；随后，美国也开展了相应的研究工作。横波勘探的主要目的是试图利用横波传播速度低的特点，取得比纵波更高的分辨率。然而，在研究过程中遇到了很大的困难，同时发现因为横波频率较低，其分辨率的提高是有限的。因此，此时的横波勘探无法真正用于生产。从20世纪70年代到80年代中期，人们放弃了追求高分辨率的做法，改为综合利用纵波、横波实现多波联合勘探，形成了多波勘探的热潮，美国、法国和联邦德国等国的一些公司（如CGG公司、Prakla-Seismos公司和Amoco公司等）以及我国原地矿部和原石油工业部的一些下属单位都发展了自己的多波联合勘探技术，并为此做了许多试验，取得了一定的成功。但是由于多波勘探的花费要比纵波勘探高很多，而且在多波勘探的处理、解释方面还有很多问题难以得到解决，因此这一时期的多波勘探未能得到推广，继而陷入沉寂。前两阶段的研究工作主要以各向同性介质模型为基础，当地层假设为各向异性时，导致横波分裂，因此，横波对各向异性的敏感不再是多波勘探发展的一种障碍，而是成为对油气勘探和油气田开发有重要价值和不可取代的新信息。

在此期间，苏联加尔彼林等人研究的多分量VSP（multi-component vertical seismic profiling）技术也对多波勘探的发展有很大的促进作用。三分量垂直地震剖面（three-component vertical seismic profiling）的成果不仅证实地下确有横波和转换波，而且能为多波勘探的野外采集、资料处理和解释提供重要参数。从此，多波多分量地震勘探开始步入试验生产阶段。利用多波的主要目的是解决岩性油气藏的勘探开发问题，如联合应用纵横波资料获取地下岩性参数、识别真假亮点和预测岩性等。在此期间，虽然取得了丰硕的成果，但同时也存在着不少问题。究其原因主要是多波勘探的花费高，而人们对多波资料的采集、处理和解释中遇到的许多问题还没有更好的解决方法。

20世纪90年代以来，海底多分量电缆（ocean bottom cable，OBC）的出现使海上多波勘探发生了革命性变化。OBC采集工作效率高，海底低速带较陆上简单，且海上多波资料记录面貌较陆上多波资料好。而且，海上油气田勘探和开发存在着许多用纵波勘探难以解决的问题（如硬海底、气柱和浅层气等），这些都促进了海上多波勘探的发展，使之成为多波勘探的一大亮点。因此，在20世纪90年代，又一次掀起了多波勘探研究的热潮。

目前，国外三维多波多分量地震勘探在构造成像改善、岩性预测、油气藏监测、裂缝与各向异性分析等方面的试验和研究取得长足进展。近年来，随着对岩性油气藏认识的不断深入和生产需求的不断增加，特别是多分量数字检波器的出现，多波多分量地震勘探技术在我国的石油行业也引起了广泛重视。在国内建立了以中原、长庆、胜利、江苏、四川、内蒙古、新疆和大庆等为核心的试验区；清华大学、成都理工大学、吉林大学、长安大学、中国地质大学（武汉）、BGP（东方地球物理公司）、石油勘探开发南京石油物探研究所、中国矿业大学（北京）、中国石油大学（华东）、同济大学都进行了多分量地震勘探的技术研究和实践。我国主要完成了多波多分量在采集技术、资料处理技术、资料解释和综合利用技术、联合反演技术方面的改进。但与国外多波多分量地震技术相比，国内在转换波叠前偏移、转换波解释、岩石物理研究等方面存在的差距还比较大，其应用效果还不够理想，在某种程度上影响了该技术的进一步推广和应用。多波多分量地震勘探技术虽然还面临着很多难题和存在着不少缺点，但其研究应用领域仍在不断深入和扩大，因为多波多分量地震勘探技术具有单纯的纵波勘探所不具有的特殊优势，取代纵波勘探是不可逆转的发展趋势。为此，有足够的理由相信：随着多波多分量地震勘探技术的突破，其应用将会更加广泛，在未来的油气勘探中必定发挥举足轻重的作用。

1.2.2 3D-VSP技术发展现状

VSP是一种地震观测方法，具体应用步骤为：在地表设置震源激发地震波，在井内安置检波器接收地震波，即在垂直方向观测人工场，然后对观测得到的资料进行校正、叠加、滤波处理，最后得到垂直地震剖面。与地面地震勘探相比，VSP资料有较高的信噪比与分辨率，而且波的动力学与运动学特征明显。VSP技术不仅提供了地下地层结构同地面测量参数之间直接的对应关系，同时为零相位子波分析提供支持，还为地面地震资料处理及解释提供精确的时深转换及速度模型。该方法始于20世纪30年代，限于各种条件，直到20世纪70年代才得以发展。1971年，苏联科学院加尔彼林院士发表了专著《垂直地震剖面》，为该方法的应用和发展奠定了基础，后来为欧美国家所引进。

VSP技术经过几十年的发展，不仅采集精度和处理效果越来越好，应用范围也在不断扩大。3D-VSP技术的发展速度日益加快，发展前景可谓日新月异。1996年，Zhang Qi等发表文章*3D-VSP Survey Design and Data Analysis*，对3D-VSP的面元计算方法进行了详细论述，同时建立地质模型和物理模型并对其进行了模拟，对有关3D-VSP的观测系统建立、分析以及3D-VSP资料处理方面的工作都具有重要指导意义。在1998年第68届国际勘探地球物理学家学会（SEG）年会上，有8篇文章论及3D-VSP多波勘探技术，这些文章主要涉及3D-VSP的快速射线追踪、资料处理以及基尔霍夫深度偏移等方面的问题。3D-VSP资料的高分辨率处理可以拓宽3D-VSP技术的应用领域。在油气田的勘探后期与开采阶段，3D-VSP技术可以解决井旁空间的地质问题，从而得到有关油气藏描述方面有价值的信息。21世纪初，Ludmila Adam等发表一篇论文*Isotropic and Anisotropic Multiazimuth VSP Seismic Modeling in the Sierra de*

Perijá, Venezuela。这篇论文提出了井中VSP设计与合成的模拟方法，并按照此方法对委内瑞拉西部瓜旺达地区进行模拟，指导了VSP方法的选择。2002年，Jean-Paul Van Gestel发表了一篇名为*VSP Survey Design Using Finite Difference Modeling*的论文，文中利用有限差分模型合成VSP地震记录资料，并研究了最大井源距、不同炮检距以及检波器的方位对成像质量的影响。贝克斯菲尔德地区一共采集了八口井的3D-VSP资料，此种采集方式部分甚至可以替代地面三维地震采集技术。

井地联合对资料进行采集，相关的处理方法也越来越受到重视，比较著名的实例有加拿大的亚伯达、美国的路易斯安那州等。在资料处理方面，Scott Leaney在2002年提出了用最小平方矢量方法进行波场分离的技术；同年，Satinder Chopra对3D地面地震和3D-VSP同时采集的资料进行了处理和综合方面的研究。随后，Vladimir Stenin利用3D-VSP资料对井旁特征进行描述，可见3D-VSP方面的研究已初见成果。2004年，在我国的长庆油田苏里格地区开展了3D3C-VSP试验，获得了高分辨率的地震资料，刻画了井周边的断层和地层的分布，为油气藏滚动开发奠定了基础，进一步拓宽了人们对3D-VSP的认识，VSP资料的应用范围越来越广阔。近年来对VSP比较热门的研究有，利用VSP资料提高地面地震的分辨率，其代表为美国岩心公司提出的高帧频（high frame rate，HFR）技术和频段扩展（frequency band extension，FBE）等；另外，对VSP与地面地震联合反演等方面的研究也比较多。

近十多年来，国内外学者在3D-VSP领域的主要研究进展如下。

2011年，刘明洋通过模型求取纵波与横波的振幅比与频率比，对其异常的原因进行了研究，并将此方法应用在歧口地区3D-VSP多波实际资料中。该方法对储层预测有一定的辅助作用，其利用多参数（如泊松比、拉梅常数、体积模量等）进行储层预测，并对反演的岩性及弹性参数进行对比解释。

2011年，Roman Pevzner等基于多分量线性走时时差速度分析，开发了一种新的方法来估计快、慢剪切波速度和偏振面的方位。该技术适用于零偏移VSP数据，并发现有相同视速度的大量剪切波的存在。该方法假设VSP数据是在具有水平对称平面（包括水平横向各向同性）的正交介质中钻取的垂直井中获取的。其主要思想是通过测量大量地震信号的相干性作为视速度的函数来估计给定极化方向的主导视速度。该算法在澳大利亚西北大陆架采集的海洋三分量VSP上进行测试，并在维多利亚州奥特韦盆地的同一钻孔中用不同来源采集的陆地三分量VSP上进行测试。测试结果表明：VSP和交叉偶极子声波测井数据得出的各向异性参数（幅度和方向）之间具有良好的一致性。

2012年，Blias采用基于目标函数最小化近偏移VSP数据进行区间Q因子估计新方法。该法测量累积Q估计值与通过区间Q计算Q估计值之间的差异，其应用数据表明：Q估计值与测井数据之间存在合理的对应关系。

2013年，郑儒研究井周围地层的各向异性特征并以此来补充常规地面地震技术。首先，针对直井VSP三分量资料的采集研究其旋转定向方法，推导出坐标旋转定向公式；接着，根据斜井VSP三分量资料采集中检波器的布置推导出斜井情况下三个分量正确的定向公式，并根据能量分配原则计算出水平分量方位角，得到旋转定向的最终计算方法；最后，利用上述研究的方法对一组实际资料进行处理，不仅验证了这种方法的有效性和可行性，而且得到旋转后理想的三个分量，为上下行波及多波的分离提供可靠数据。

2014年，Charlotte Sullivan等回顾在Future Gen 2.0场地应用多分量VSP技术所获得的见解，在许多拟建的CCUS和CCS场地中，传统的P波面地震成像受到地震噪声的显著影响。Charlotte Sullivan等人最终得出结论：通过剪切波和P波数据的比较以及干涉处理，可以更好地了解地下地质，并为改进在枯竭油气田下方CCUS站点的地表地震数据采集提供输入参数。尽管结果会因地区而异，但由于多组分数据分析提供信息，多组分采集和处理应成为现场表征和评估标准最佳实践的一部分。

2015年，Wang Wenlong等通过波场分离从叠前弹性逆时偏移中提取PP和PS。与使用旋度和散度算子的传统分离方法不同，传统分离方法不保留波场矢量分量信息，进行P波和S波矢量分解，保留了输入弹性波场中存在的相同矢量分量。由于振幅和相位信息被自动保存，因此不需要振幅或相位校正。实现P波和S波矢量分解的方法有两种：选择性衰减和解耦传播。选择性衰减使用黏弹性外推法，其中Q值被用作处理参数去除P波或S波。解耦传播将弹性方程的应力和颗粒速度公式改写为单独的P波和S波分量。在这两种方法中，分解都是在弹性波场的外推过程中实现的。这些算法还可以通过从接收器向下外推数据而在收集数据中执行P波和S波分解，然后向上返回，在接收器处记录分解的P波和S波。两种方法在效率、精度和储存方面的比较表明，两者都可以在矢量域中分离P波和S波；解耦传播在速度和存储成本方面是优选的，但仅适用于弹性传播。

2016年，Yu Gang等在中国东北的一口老井上采集的Walkaway VSP数据提供了一套丰富的高质量DAS Walkaway VSP数据。应用标准VSP数据预处理工作流程，然后进行叠前基尔霍夫时间偏移。垂直井环境缺乏通过触摸将传感器有效地“夹紧”在井眼套管壁上的能力，这带来了一系列独特的挑战。尽管几乎所有的监测仪都记录了地震信号，但也有相当多的噪声。

2017年，Fabienne Reiser等模拟了2D和3D声学合成地震数据，并将其运用到处理叠前深度偏移，以优化VSP勘测布局，从而绘制可能的基底地热储层内的中陡裂缝带。VSP勘测优化程序用于顺序选择震源位置，以定义震源点最适合进行最佳成像的区域。该程序利用了互相关统计。通过该统计，将偏移的炮道集子集与来自一组综合震源道集的目标或参考图像进行比较。在已确定地点的地热勘探中，可以合理地假设有足够的先验信息可用于构建这样的目标图像。对于不同的断裂带场景（不同的倾角、方位角和距测量钻孔的距离），通常通过分布在理想震源位置区域上相对较少的最优震源位置获得良好结果。在最佳源区域之外添加更多的源并不一定能改善结果，反而会导致图像失真。Fabienne Reiser等人研究发现，对于一系列不同倾角，位于井眼接收器深度并与井眼横向偏移300 m的断裂带可以得到可靠的成像，但对陡倾界面成像需要更多的震源位置和震源与井眼之间的大偏移距。

2017年，李录明和罗省贤研究多波精确振幅特征方程，并在此基础上建立三维各向异性介质VSP多波联合叠前AVA反演岩性参数理论和方法。该方法利用对3D3C-VSP资料处理的正常时差（normal move out，NMO）道集，直接反演地层纵波速度、横波速度、密度及2个各向异性系数，在此基础上可进一步计算得到地层的弹性参数，这些参数对岩性及流体识别有重要作用。

2017年，Mateeva等采用相对较低的成本且具有分布式声学传感（distributed acoustic sensing，DAS）的延时VSP技术，用于生产井和注入井周围的多次地震监测，旨在实现复杂深水油田的生产优化。实际资料处理结果证明，4D DAS-VSP为深水储层监测提供足够的数据质量，耦合良好且重复性强，可降低布设检波器的成本，具有较高的投资价值比。

2018年，Felix Kästner等在冰岛东北部的克拉弗拉高温地热场进行一项测试实验，以评估VSP对地下结构成像的能力，如裂缝、高渗透区、岩浆体以及超临界流体和蒸汽区。Felix Kästner等人的研究结果表明：在通过进一步的数据集成、更多震源位置的增强勘测设计及改进的处理和成像技术（如全波形反演）来实现更详细的储层特征描述的过程中，VSP可以清楚地探测高温地热田地下火山地层的变化。

2018年，张海兵利用各种数据处理方法对VSP数据进行处理，得到了预期结果。整个过程包括理论学习及公式推导、程序编制、模拟VSP数据获取、VSP数据处理及解释应用等主要步骤，基本完成VSP方法从理论到实践应用的所有环节，对垂直地震有较为直观和深刻的理解。在得到高精度波场模拟结果的基础上，通过将检波器安置在模型内部并在地表激发的方式得到了模拟VSP记录。得到该记录后，还必须进行各种数据处理才能真正使用。

2019年，Andrew Greenwood等使用传感器间距为1 m的24通道钻孔水听器阵列进行VSP实验，以便对断层核心成像并检测水力打开的裂缝。利用折线测量几何结构获取多偏移水听器VSP数据，并用三维方法进行处理。VSP数据的解释得到一套地球物理钻孔测井的补充和证实，这些测井描述断层核心和周围破坏带中脆性变形引起的精细岩石物理变化。

2019年，Eric Takam Takougang等提出一个使用反向时间迁移（reverse time migration，RTM）体积的方法，从阿拉伯联合酋长国阿布扎比近海油田获得3D-VSP提取和表征裂缝及断层的工作流程。工作流程包括：输入RTM体积的预处理，包括去除采集足迹；使用基于外观的不连续属性提取断层和裂缝；二元过滤和聚类用于利用先前的地质信息进行表征和解释，以及去除不需要的特征，如与地层学有关特征最后的解释。NNE-SSW方向的线理与闭合裂缝相关，而NNW-SSE方向的线理则与开放裂缝相关。裂缝强度相对较高的区域通常位于储层区域VSP井的北部和西北部。岩心和FMI数据中解释的裂缝之间的良好相关性表明工作流程的稳健性，并为结果提供可信度。

2019年，蔡志东等提出一种利用VSP多波信息预测地层深度及油气属性的新方法。该方法充分利用VSP丰富的波场信息，首先在VSP中同时追踪与目的层相关的多组地震同相轴，然后将追踪所得到的离散函数根据不同交汇点进行分组，再分别求解超定方程组，进而利用统计加权的方法得到最终的预测结果。该方法减少了预测结果的偶然性，大幅提高了地层深度预测的精度。在获得准确地层深度数据后，再利用纵波、横波的波形信息差异来识别和预测油气属性特征。通过中国西部地区2个VSP项目实例验证该方法的应用效果。

2019年，胡振国从定向井VSP的观测方式、地震波激发与接收、数据处理等方面展开分析研究。定向井VSP每个观测点都对应一个偏移距，观测方式更为灵活，以常规零偏、非零偏等角度来划分定向井VSP观测系统没有实际意义。在采集过程中，充分考虑检波器倾斜状态对地震波信号接收产生的影响，采用了安装万向节装置和使用全向检波器芯两种解决方案。在下井方式上，针对复杂井况，采用钻具输送、爬行器牵引等手段辅助仪器下井。复杂地层条件下的定向井VSP正演模拟表明了定向井VSP资料中直达波、反射波的视速度有可能都是正或者都是负，确定了在开展波场分离时需要准确识别各类波场及其特征，并且有针对性地进行滤波分离的地震资料处理思路。

2019年，柯璇针对VSP逆时偏移成像中存在的计算精度、计算效率、存储、噪声、吸收衰减边界等问题开展研究，提出用变阶数有限差分法、双内存缓冲区的二级存储策略、衰减随机边界，以及完全匹配层有效边界存储等方法实现地震波场模拟和逆时偏移成像，大幅度降低逆时偏移成像的波场存储量需求；改进非局部均值去噪方法，有效压制随机噪声及VSP逆时偏移画弧噪声，提高基于随机边界逆时偏移成像精度，有效提高地面地震和VSP数据的成像分辨率。

2019年，Yadav等重点研究克里希纳—戈达瓦里（KG盆地）B区的三个地点，其中使用零偏移VSP和井下声波测井数据来评估和表征天然气水合物矿床。零偏移VSP数据与电缆测井、地面地震和合成地震数据相关联，以表征和描绘KG盆地的天然气水合物聚集。在获取的声波测井和VSP数据中可以观测到非常高的速度，而其观测到的低速数据在1500 ~ 1650 m/s为含天然气水合物单元上方的松散浅沉积层。

2020年，Chao Jin等采用VSP数据的上行和下行波场进行反演。在反演过程中，上行和下行波场对目标函数的贡献不同，这是因为它们之间的能量不平衡可能导致上行场得不到有效利用。在建立多目标函数且不引入权重系数的情况下，提出一种VSP数据上下行波场分离的联合波形反演方法。通过反射率法直接模拟VSP数据上行和下行波场的分离步骤，简化分离波场的复杂性。特别是零偏移VSP数据可以在$\tau-p$域中获得，大大降低计算成本。建立上行和下行波场差的多目标函数可以克服能量不平衡问题。具有多目标优化方法的联合反演，可避免仅使用上行或下行波场时信息不足或不完整。

2020年，Ehsan Larki等认为VSP是一种有价值的油气勘探方法，该方法用于估算井中的岩石性质。波的部分能量在穿过土层后被反射，从而被地面上的接收器接收。接收到的数据经过处理后决定下层的情况，而地震数据最重要的应用之一是在油气勘探领域。Ehsan Larki等发现质量因子是最重要的地震检波器之一，它在VSP数据中表现得很明显。

2020年，Jun Matsushima和Linsen Zhan先前的研究结果表明：甲烷水合物的存在会导致声波测井频率下的S波衰减（1/Q）。然而，由于S波的信噪比（signal to noise ratio，SNR）较低，估计MH储层在地震频率下S波衰减的例子非常少。Jun Matsushima和Linsen Zhan为阐明导致这种衰减的机制，获得不同频率下S波衰减，首先通过在偏移范围内进行微调的线性时差后水平堆叠轨迹来提高SNR；然后，选择在含甲烷水合物沉积物中观测到的质量更好的S波，以便地震检波器和甲烷水合物沉积物之间更好地耦合；最后，根据Walk-away垂直地震剖面数据估计了30～100 Hz频率范围内S波固有衰减。

2021年，Mehdi Asgharzadeh等从VSP测量中获得的P波、S波和偏振数据的组合已被常规用于估计不太复杂的各向异性介质（vertical transverse isotropy，VTI）参数，例如具有垂直对称轴（vertical axes of symmetry，VAS）的横向各向同性。通过这些方法估计各向异性参数的准确性主要取决于反演中使用数据的可用性和各向异性参数的大小。在此项研究中，Mehdi Asgharzadeh等为正交各向异性参数的精度确定了一个基准。通过数值分析，将垂直裂缝添加到背景VTI介质中，对广泛裂缝引起的正交异性对称性进行建模，正交异性参数估计方法的准确性取决于主介质中的各向异性、压裂强度、慢度数据中的噪声水平以及倾角和方位平面中的慢度数据覆盖率。然后，通过对伪3D-VSP实验中生成的有限差分数据进行反演，检验P波慢度法用于正交各向异性参数估计的准确性，将精度分析工作扩展到多层介质。结果表明：对于典型的3D-VSP实验，只有从$X_{max}/Z\geqslant1$和线方位角间隔$\xi\leqslant10^0$获得慢度数据，才能获得模型中正交各向异性参数的合理估计；其中，X_{max}是最大源到接收器的偏移，Z是接收器深度。最后，描述如何针对正交各向异性参数反演场

VSP测量。

2021年，Roman Isaenkov等在澳大利亚维多利亚州安装了一个永久自动连续地震CO_2地质勘探监测系统。该系统由五口倾斜1600 m深的井组成，配备了作为地震接收器的DAS和作为震源的9个地震轨道振动器（seismic orbit vibrator，SOV）。DAS记录由三个iDASv3单元连续执行。每个SOV每次运行2.5 h，因此所有按顺序运行的SOV（仅在白天）每两天生产一次。每次由45个偏移VSP样带组成，覆盖约0.7 km^2区域内预测的CO_2羽流迁移路径。现场实施自动化数据处理将数据大小从每天约1.3 TiB减少到每天约500 MiB，结果每天传输到办公室。SOV波形可以在几天内达到20%～100%的NRMS值。然而，用直接波的波形对地震图进行反褶积，可将重复性降低到10%～15%的NRMS值。

2022年，陈可洋等为提高VSP地震成像精度，从构建16阶有限差分精度的VSP逆时偏移算子出发，采用脉冲响应进行VSP关键环节算法精度和炮检点可互换性分析，验证3D-VSP逆时偏移算子的精度；基于国际标准岩丘理论模型，对比归一化VSP逆时成像和常规互相关逆时成像的效果，前者对地质体边界与地层界面刻画更加清晰和准确，消除覆盖次数不均匀的影响，能量分布更加均匀，且不存在井痕迹。将高精度的3D-VSP逆时偏移技术应用于松辽盆地L井Walkaway VSP资料，实现井旁地层和小断裂的准确精细成像，进一步验证VSP逆时偏移技术的准确性，为提高井周复杂储集层成像精度提供有效的技术手段。

2022年，Yu等利用三维DAS-VSP数据获得准确的时深关系、地层速度、反褶积算子、球面扩散补偿因子、吸收衰减因子、各向异性参数和井筒周围的高分辨率结构成像。这些参数可用于显著增强地表三维地震数据处理。3D-VSP数据成像处理步骤包括：观测系统定义、预处理、初至拾取、静态校正、振幅补偿、反褶积、波场分离、速度分析和成像。根据海上3D-VSP下行多次波的特点，创新发展海上3D-VSP上行多次波成像技术。这大大扩展了3D DAS-VSP成像范围，并提高整体3D DAS-VSP成像质量。

2023年，Can Oren和Jeffrey Shragge用VSP井下采集数据与安装在井中的光纤与分布式声学传感耦合，并利用3D弹性透射层析成像技术。反演方法通过下行P波和S波初到波形的时间反演成像（TRI），构建每个源的各种图像。

TRI过程使用（扩展）PS能量成像条件的动力学项，该条件对速度模型误差表现出足够的敏感性。该方法通过伴随态反演自动更新P波和S波速度模型，以聚焦并优化图像。

2023年，马洋洋将交叉双差法用在水力压裂过程中单井观测得到的实际数据中，并通过波形模拟以及横波分裂证实反演结果的可靠性。VSP数据通过在井口附近激发地震波、置于井中的检波器采集得到，能够有效地减少地面噪声以及近地表低速层的影响，因此VSP数据通常具有较高的信噪比和分辨率。基于VSP数据构建地下速度模型，提出一种基于VSP数据的卷积神经网络的速度建模方法，通过对原始U-net结构进行改进，使其更好地适用于速度建模。

国内外研究资料证明，3D-VSP除了用于改善常规构造解释外，还可以用于测定平均速度、衰减系数、纵横波速度，识别多次波、提高分辨率，进行地层岩性的研究。但3D-VSP数据的处理流程远不如零井源距VSP和非零井源距VSP的规范，许多做法仍处于探索之中，3D-VSP技术与井间地震技术联合，广泛应用于各种类型油田的开发和动态监测中。目前，限制3D-VSP技术更广泛应用的因素很多，其中最主要的问题是资料处理技术还不够完善，存在着属性参数提取等方面的问题。为了克服覆盖区域有一定角度限制的缺陷，发展了井周区域全方位激发的3D-VSP技术。3D-VSP资料分辨率高，因此可以对井眼附近区域小构造进行成像。

3D-VSP资料的各向异性信息丰富，能实现井周高分辨率3D-VSP成像，因而有利于井位评价与岩性特征研究。因此，虽然VSP技术成本比较高，不过它是地震勘探开发不可或缺的工具。3D-VSP地震数据采集一体化技术不仅能提高工作时效，而且能降低施工成本。由于资料来自同一个震源，因而其资料具有很好的相关性与可对比性，从而为3D-VSP地震数据处理解释一体化进程奠定了坚实的基础。为了满足不同的需要，发展了逆VSP（reciprocal vertical seismic profiling，R-VSP）技术。逆VSP技术的特点是在井中激发地面接收，其作业效率有较为明显的提高。井中激发地面全方位接收，不仅增加了信息量、扩大了井周附近区域的覆盖范围，而且提高了资料的应用价值，从而为3D-VSP技术的发展拓宽了空间，使其成为油气常规勘探开发领域不可或缺的应用技术。

1.2.3 地震储层属性解释现状

地震数据携带大量的储层地质信息，因此地震储层预测成为人们认识与监测油气藏的重要手段。在地震勘探的早期，地探解释的工作者就已经利用地震属性优化思想，选择相关参数的属性进行构造解释。随着时代的发展，在将数学领域各种新的数学方法、计算机领域的计算机技术和信号处理技术等引入地震勘探后，人们从地震数据中提取地下地质信息的能力与过去相比有了较大的提高。地震勘探解决地质问题能力的增强使解决构造问题的重心向解决储层描述问题方面过渡。地震储层预测是储层描述的主要工具，在20世纪90年代发展起来的新学科——储层地球物理学成为储层预测的核心内容。因而，与地震储层预测密切相关的地震属性优化问题，逐渐成为人们所关注的焦点。

20世纪70年代，地震属性优化方法中出现了"亮点"技术。在该技术中，选择反射波的振幅与极性等属性优化方法，即所谓专家优化法；之后又出现了各种通过多参数进行储层预测的技术。在这一时期，应用相对较多的是基于地震道的瞬时属性。在20世纪80年代初，模式识别技术就已经被高度重视。地震解释工作者通过不懈的努力，研究出了诸多地震储层预测技术（如神经网络模式识别、函数逼近、模糊模式识别与统计模式识别等）。预测对象也发生了相应的变化，从先前预测油气、储层厚度、岩性逐渐转到预测孔隙度等。20世纪末，多参数提取地震属性技术取得了快速发展。多参数提取地震属性技术的范围从计算单道瞬时同相轴属性到提取比较复杂的多道分时窗的地震同相轴属性。如今，人们已经能从地震资料中提取100多种地震属性。随着地震属性研究的不断深入、人们视野的不断开阔，相信新的属性将会源源不断地出现。近年来，Liner等人提出了一种全新的SPICE（spectral imaging of correlative events）地震属性，SPICE地震属性是在对偏移后地震数据进行奇异性分析与小波变换基础上得到的。

在地震储层预测中，解释人员可以凭经验完成地震属性优化。其前提条件是：原始地震数据信噪比较高、储层预测对象比较简单、地质条件比较理想。只有这样，解释人员才能取得较好效果。一旦离开此前提条件，预测效果就会变差，甚至得到相反的错误结果。前人研究成果表明：地震属性与所预测对象之间的关系复杂，不同储层和不同工区对所预测对象敏感的（或最有代表性的、最有效的）地震属性是不可能完全一样的。由合成地震数据与实际地震数据可知：地震属性与储层岩性、储层流体性质、储层参数之间的关系复杂。地震属性优化是利用人的经验或数学方法，优选出对所求解问题最敏感或最有效、最有代表性的属性个数最少的地震属性组合，以提高地震储层预测精度，改善与地震属性有关的处理和解释方法的效果。

地震属性优化方法可以明显提高地震精度，进一步提高钻井成功率，更可以有效地进行储层描述，具有显著的经济效益与社会效益。在国内外，地震属性优化及属性体综合解释技术处于一种不断发展的状态。随着岩性油气藏在油田勘探中所占的比例越来越高，由于缺少针对性的地震预测技术，要解决储层预测中遇到的诸多棘手的问题，必须以石油地质学、地质地震模型理论、地球物理学等作为基础，从研究探区不同类型油气储层地质特征、叠前地震属性特征和叠后地震属性特征入手，进而研究优化选择叠前、叠后地震属性的方法。从众多地震属性中选择对不同类型储层效果最优、预测最有利的地震属性，根据地质目标、勘探阶段的不同，提出最佳组合地震属性分析技术，以便提高储层预测精度、提高勘探开发效率。

不同相带储集层进行油气预测时，需着重考虑频谱的吸收类与衰减类地震属性的相关组合，尤其是对傅里叶谱、功率谱、复赛谱、低频能量谱、振幅比、反演波阻抗等的组合进行研究。对于不同深度同类相带储集层的油气预测，同样要考虑属性多次组合。地震属性的提取，一方面，要厘清所研究层与地震记录的相互对应关系，明白提取属性的窗口是随着研究层厚度的变化而变化的；另一方面，在追踪研究层顶、底面时，要将机器自动追踪与人工控制相结合。储层属性体综合解释技术的研究使三维多波地震数据体的优势作用得到充分发挥，有助于缩短勘探周期并提高解释速度。属性体综合解释技术不仅使研究目标更为直观，而且可对岩性体在空间内的变化特点进行准确把握，从而使岩性体的发育及油气藏内部特征得到更加细致的描述，使解释精度得到改善、解释结果可定量化，从而有效地指导油气勘探与开发。

1.3 本书研究目标及撰写思路

1.3.1 研究目标

本书主要研究目标可以分为以下几个部分：VSP勘探方法及基础，VSP动态校正方法与原理，射线正演理论及方法，$\tau-p$ 域滤波法波场分离，多波多分量地震记录合成、层位对比与标定，歧口18-2地区储层预测，以及3D-VSP多波资料处理及解释的结论与建议。

1.3.2 撰写思路

本书的撰写主要以地球物理学、石油地质学、地质地震模型理论等为基础，从研究歧口不同类型油气储层地质特征、叠前地震属性特征和叠后地震属性特征入手，针对三维多波多分量、3D-VSP地震资料的特点，主要探析了歧口地区的构造和岩性、地震属性参数提取（如振幅比、频率比等）、合成记录、层位对比标定、储层预测。同时研究优化选择叠前、叠后地震属性的方法，从各种地震属性中选择对不同类型储层预测最有利、效果最优的地震属性，提出适合不同地质目标、不同勘探阶段的地震属性分析技术的最佳组合，以达到利用地震属性预测储层参数、提高储层预测精度、提高勘探开发效率的目的。

3D-VSP多波多分量地震资料解释的思路为：首先，进行层位标定；其次，在纵波与转换波层位标定基础上，确定并横向追踪纵波与转换波的地质层位；再次，对转换波剖面进行压缩，使纵横波剖面地质层位相匹配，并分析其地震属性特征（如振幅、频率、相位、速度比、波形等）的异同；最后，利用纵波与转换波资料反演地层岩性参数，对储层的含油气性进行综合评价。在上述过程中，层位标定显得尤为重要，因为它直接决定着后续成果的正确性。

本书整体撰写思路框架如图1-1与图1-2所示：

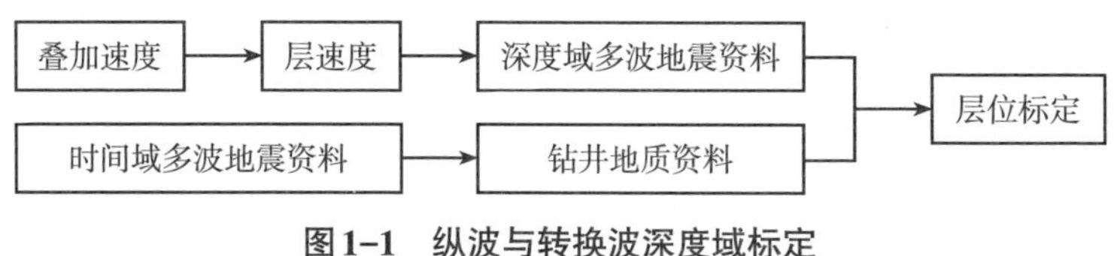

图1-1 纵波与转换波深度域标定

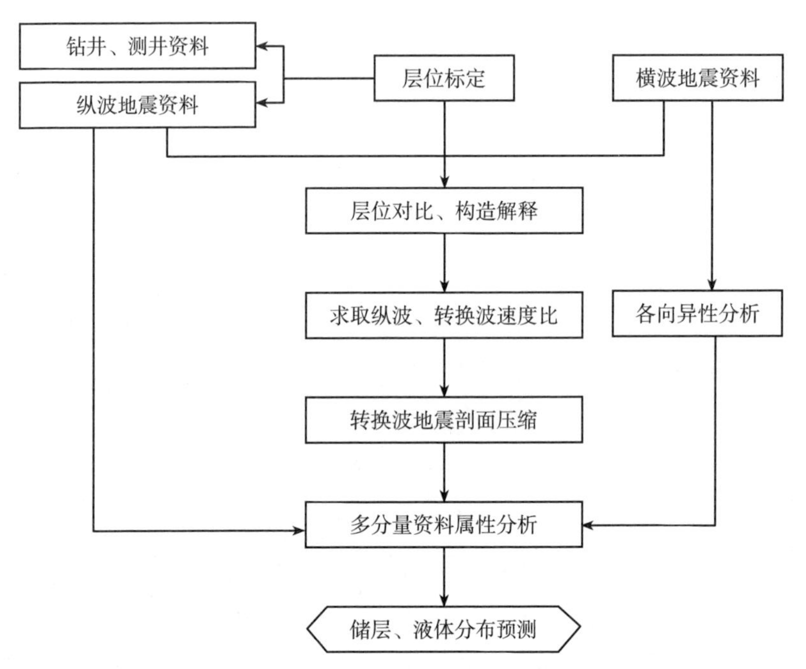

图1–2　多波（含VSP）地震资料解释流程

第2章　VSP勘探方法及基础

VSP技术是一种新的地震勘探技术，它是从常规地震速度测井技术发展而来的。由于能量传播路线较短，检波器离近地表噪声较小，VSP可以产生比近地表地震资料更高的分辨率。因此，VSP技术被作为地面地震资料处理和解释的辅助手段，已较成熟地应用在确定井附近的异常地质现象、精确确定层速度及鉴别多次波根源等方面。本章主要介绍VSP勘探方法的基本特征、VSP中的主要地震波，以及VSP的观测方法——零井源距观测、非零井源距观测、逆VSP观测、斜井VSP观测、3D-VSP观测。

2.1　VSP勘探方法基本特征

用于接收井下信息的多级多分量检波器的成功研制，不仅在很大程度上提高了VSP的采集水平和效率，而且降低了采集成本，从而快速地推动了该技术的发展。井下多级多分量接收系统使地震记录的采集方法出现前所未有的更新，带动处理和解释方法的探索，从而使地面地震向井中地震范围拓展，提高资料精度和应用效果，加快石油勘探进程。

2.1.1　3D-VSP勘探技术发展简介

VSP技术经过几十年发展，不仅应用范围不断扩大，采集精度越来越高，效果也越来越好。值得一提的是，3D-VSP技术的发展速度日益加快，发展前景日新月异。Zhang Qi，Ludmila Adam，Jean-Paul Van Gestel等人分别对此展开了论述，此部分内容已在第1章介绍，在此不再赘述。

3D-VSP测量的重要贡献在于在提高成像分辨率及丰富的波场信息等方面能与地面地震的结果形成良好互补，特别是在利用地震信息进行参数估算和提取等方面做出有力补充，如各种地震速度、近地表畸变影响、各向异性参数甚至AVO标定等。因此，对井地联合对资料进行采集的相关处理方法也越来越受到重视。在资料处理上，Scott Leaney在2002年提出了最小平方矢量波场分离技术；同年，Satinder Chopra对3D地面地震和3D-VSP同时采集的资料进行了处理和综合方面的研究；2003年，Satinder Chopra利用VSP资料对地面地震资料进行了高频恢复，Vladimir Stenin利用3D-VSP资料对井旁特征进行描述。可见，3D-VSP方面的研究已初见成果。近年来，VSP资料的应用范围不断扩大，如利用VSP资料提高地面地震的分辨率，其代表为Corelab公司提出的HFR技术和FBE技术等；另外，对VSP与地面地震联合反演等方面的研究也比较多。

2012年，斯兴焱等针对3D-VSP多波速度分析问题，研究出3D-VSP上行反射纵波及转换波的速度分析方法。该方法可求取接收点以下反射层的多波速度，填补了常规VSP速度分析方法中仅依靠下行波初至求取接收点以上地层速度的缺陷。该速度分析方法包含非零偏VSP多波时距曲线公式、纵波反射点计算、转换波转换点的迭代算法及在没有横波初至信息的情况下求取检波点处横波速度的方法。在此基础上，建立3D-VSP多波速度分析流程和步骤。应用于理论VSP多波资料及实际斜井3D-VSP多波资料的处理，得到与地面地震时间坐标一致的多波叠加速度模型、多波动校正道集及叠加剖面。2014年，李录明等针对实测的斜井3D-VSP多波资料，分析斜井3D-VSP多波资料的特点，研究了一系列处理和解释方法，其中包括选排、速度分析、动校正、层位标定、层位对比及叠前反演等，实现斜井3D-VSP多波资料的处理及解释。2017年，Lu Jun等提出一种使用所有三个分量对P-P波、PS1波和PS2波进行叠前分离的方法。VSP方法的核心是将波矢量从Z轴、R轴和T轴建立笛卡儿坐标系旋转到由真实的P-P波、PS1波和PS2波矢量方向建立坐标系。Lu Jun等同时提出一种三分量叠加方法来获得坐标系变换的基波矢量。综合数据测试结果证实，波分离方法在不同噪声水平下性能稳定。2018年，赵茂强基于抗频散波动方程和对成像精度的要求，推导高阶有限差分双程波波场延拓方程，构建高精度抗频散有限差分逆时偏移算子，在成像条件中加入保真倾斜校正因子和能量照明补偿项，消除逆散射效应及反射倾角对偏移振幅等动力学信息的影响，实现高效高精度VSP逆时偏移成像。2019

年，Haldorsen和Milenkovic将VSP数据拼接到地表地震图像中，结果表明：其应用于钻机震源和垂直入射VSP数据时，公式化的反褶积算子可提高数据的分辨率。2020年，李岳针对全波形反演计算效率和反演精度两个关键问题，根据VSP观测方式特点开展了有针对性的正演算子设计和先验信息求取。面向VSP观测系统设计纵、横方向不等间距的差分网格，利用平均导数法正演黏弹介质的VSP记录，并对方法的精度和稳定性进行分析，在保证精度的前提下有效提高正演效率。针对全波形反演中Q值与速度、密度之间耦合严重，直接开展多参数同时反演难以得到可靠结果的问题，提出一种基于先验信息的分步反演策略。2021年，林龙生和王文文利用VSP方法兼顾横向探测范围和垂向分辨率，通过对VSP资料的处理，得到走廊叠加数据，利用速度反演模型预测地层速度，运用孔隙压力模型将速度转换成地层孔隙压力曲线。该方法在渤海湾盆地X1井进行了应用，分析结果表明：在2600～2650 m存在异常高孔隙压力，导致异常高压的原因是流体的积聚。2022年，Chen Keyang等为提高VSP地震成像精度，构造一个具有16阶有限差分精度的VSP逆时偏移算子，然后利用脉冲响应分析VSP关键环节的算法精度以及发射点和接收点的互换性，验证3D-VSP逆时偏移算子的精度。基于熔岩穹丘的标准理论模型，比较归一化VSP RTM和常规互相关RTM的成像效果。研究发现，VSP RTM可以更清晰、更准确地描述地质体边界和地层界面，并可以消除褶皱的不均匀影响，使能量分布更加均匀且没有井迹。

目前，世界上进行三维VSP观测通常是在围绕井口最大半径大约2 km范围内，但最大井源距的选择还取决于目的层深度和要求的成像范围。VSP在地面激发，检波器位于井中接收，地面激发的炮点一般呈矩形或圆形分布。同地面三维地震勘探相类似，井中采用三分量（或四分量）检波器接收。目前国外正在针对某一目的层位采用三维VSP成像资料代替地面地震资料进行研究，该项研究已经取得了一些有价值的成果。该方法主要针对具体的层位，分别在工区内的个别井中进行数据采集，一般情况下不需要使用工区内的全部井。该方法具有投资少、效率高、资料质量好等特点，越来越受到重视。

从3D-VSP发展趋势来看，单一VSP采集方式主要根据地下地质体的成像要求布置地面炮群，而与地面地震联合采集时，炮群布置方式就要受限于地面地震观测系统，往往需要加密炮群，以满足3D-VSP的需要。在接收系统方面，使用多级多分量井下检波器进行3D-VSP观测已成必然趋势。目前，国内外有关学者针对井下接收级数较少的情况，综合不同井源距、不同波场的偏震特征以及视速度大小、方向等差异，对3D-VSP波场分离做了研究和探讨。

VSP就是在地面激发地震信号、在井中不同深度上用检波器接收并记录地震信号的技术。进行VSP观测，要有以下基本条件：① 井孔；② 震源；③ 井下检波器；④ 记录仪器系统（图2-1）。在地面地震勘探中，震源和检波器都布置在地面上；而在VSP中，检波器布置在与震源垂直方向上。这两种观测技术的差异可以通过图2-2来说明。在图2-2中，布置在地下深处的检波器对上行和下行地震波都有反应，而在地面的检波器只能记录到地震反射波。

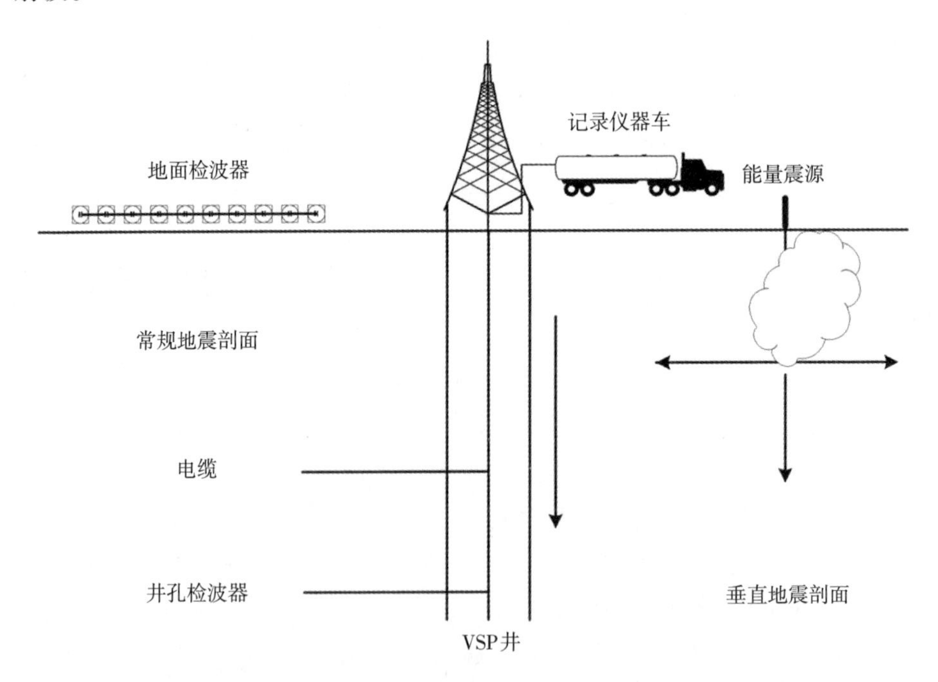

图2-1　VSP野外施工示意图

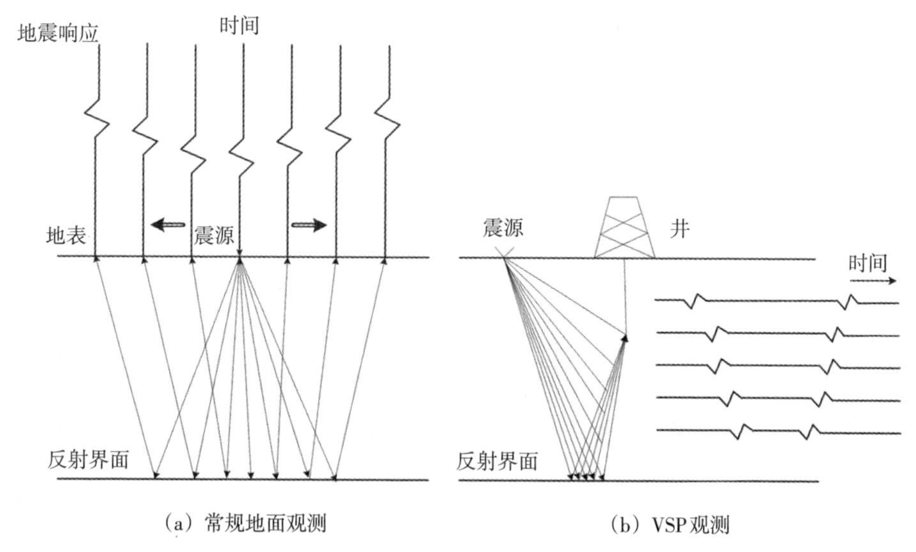

（a）常规地面观测　　（b）VSP观测

图2-2　常规地面观测与VSP观测

与地面地震相比，VSP法具有以下特点：

（1）接收点分布在介质内部。VSP法的测井检波器被安置在井中，故VSP的接收点是分布在被测介质内部的。因此，它可用接收点的垂直方向分布形式来研究地质剖面的垂向变化。而地面地震观测则是以接收点在地表的水平方向分布形式来观测和研究地下地质剖面的垂向变化的。所以，前者能更明显、更直接地反映波的运动学和动力学特征。

（2）可记录研究对象的“单一”地震波。由于VSP的测井检波器置于井中，故可将其放置在被测地层界面之上、附近或其中间，因此检波器可直接记录由震源产生而传播到所研究对象的“单一”地震波。而常规勘探由于检波器置于地表，故只能间接接收由震源产生而又返回地表的双程地震波。

（3）干扰因素少。VSP在井中观测可以避免或减少地面以上的自然干扰；而地面地震测量则所受干扰因素较多。所以，前者易于波场信息的记录和识别。

（4）可记录上行波和下行波。VSP在井中观测，既可记录到来自观测点下方的上行波（如反射波），又可以记录到来自观测点上方的下行波（如直达波）；而地面地震测量只能记录到上行波却无法记录到下行波。因此，在垂直地震剖面上，波的信息是很丰富的。

VSP技术有这些“先天性”优点，所以得到日益广泛的应用，最近几年更是成为世界范围内地球物理勘探中最活跃的领域之一。利用VSP技术可以深入剖析地震子波传播的某些基本特性，帮助了解反射和透射过程，从而改善地表地震资料关于构造和岩性的解释。

2.1.2 3D-VSP波场分离技术

目前，国内外很多专家、学者对地震波波场分离技术开展过研究，其研究方法主要是利用地震波运动学和动力学中的视速度和偏振特性进行波场分离。波场分离的主要方法如下：

（1）波动方程法。国内最早推导出纵横波分离公式的是张关泉、周洪波等。此公式基于弹性波方程，利用波场的垂直（水平）分量对水平（垂直）分量作修正处理，从而消除垂直（水平）分量中的横波（纵波）成分，进而分离出纵波、横波。但是波动方程法的不足之处是需要已知纵横波在地层中的传播速度，而且对资料的信噪比要求较高。尧德中等从波的动力学因素特征出发，利用纵波与横波偏振特性的差异，将在 $f-k$ 域中用体变系数表示的纵波或用协变系数表示的横波，在排斥横波（或纵波）的情况下，从已知的位移场出发，从而得到分离出来的纵波与横波。但是该方法的缺点是需要匹配良好的信号振荡，且仍需已知各地层的纵横波速度。马德堂和朱光明在2003年提出了一种完全等价于弹性波动方程的方程，它不但包含混合波场，也包含纯纵波和纯横波波场分量。此方法对认识弹性波的传播规律具有很大的意义，但是却很难用于对实际资料的波场分离。

（2）Radon变换法。线性Radon变换又叫作 $\tau-p$ 变换，适用于具有明显的线性特征的波场（如VSP或井间波场）分离。Radon在1917年最早提出Radon变换，为光学、天文学、物理学、医学、无损探测以及地球物理学中图像重建问题提供基本框架；在地球物理资料处理中，Phinney等检验了Radon变换的特性和适用性；Chapman在原公式基础上分别创建笛卡儿坐标系和球坐标系下的点源以及柱坐标系下线源的精确变换公式；Thorson和Beylkin分别研究用最小平方方法计算Radon变换；另外，为避免对大矩阵求逆计算，Foster和Mosher Zhou分别采用了在 $f-x$ 域进行Radon变换的技术，但这种方法存在不稳定的问题，尤其是在低频率段，会出现很不稳定的最小平方解。还有许多学者研究Radon变换在时-空域的直接计算，Thorson就在该域设计高分辨率最小平方倾斜叠加算子，采用迭代反演的方法来求取大型线性稀疏算子的解；Li Qiang则采用最速下降法求解双曲线的Radon变换方法来去除多次波。在国内，曹景忠等利用线性Radon变换的离散公式，再利用波的传播速度差异来分离不同波场；李远钦提出一种非线性Radon变换，并对非零偏移距VSP资料进行上行波和下行波分离；曹务祥等根据地震波传播特性及偏振控制方程，先在频率域对VSP资料提取地层参数，然后在时间域实现VSP波场分离；张秉铭等利用检波器响应特性在$\tau-p$域内分离纵波和横波；刘喜武等采用最小二乘高分辨率Radon变换压制多次波；曾有良等研究基于高分辨率Radon变换的VSP波场分离方法；李彦鹏等在1998年提出一种称为坐标拉伸的线性Radon变换，或称为$\tau-p$变换（双曲线Radon变换），它使双曲线形式同相轴在线性变换域中的椭圆变为一个点，从而使不同的波分离开，但是采用坐标拉伸的方法会使小旅行时信号发生严重畸变；吴律在其专著《$\tau-p$变换及其应用》中介绍线性Radon变换在地震勘探中的各种应用，把线性Radon变换用于VSP资料的上行波、下行波分离，并用角度旋转的方法根据纵横波的速度差异进行纵波、横波分离。此外，长安大学多位学者在Radon变换方面有过多年的研究；中国石油大学（华东）的张军华教授在Radon变换用于多次波分离方面进行了深入分析。

（3）中值滤波法。国内外学者对中值滤波法的研究较早。在国内，贾保沧在1986年首次采用中值滤波法来分离VSP记录的上行波和下行波；随后，刘道安等也对中值滤波法进行深入研究，并在深入分析基础上做了方法改进，在加快运算速度上取得了一定效果；朱光明等也对该方法进行研究并应用于VSP上行波、下行波的分离。

（4）变速视慢度波场分离法。国内的朱光明在1990年首次提出此种方法。在多分量VSP地震记录中，先根据地震波的视速度符号差异特性将多分量资料做$\tau-p$变换，再利用地震波场的偏振特性，构建波场分离矩阵并取得一定效果。但是该方法最大的缺点是必须先已知表层的纵横波速度信息，计算出方向角，进而来完成纵横波分离。之后，魏修成、田子奇等对倾斜叠加域、$f-k$域和$\tau-p$域分别实现视慢度波场分离，并对不同域效果进行了对比分析，最后将该方法拓展到地面地震的纵横波分离。鲁传恒等也对此进行研究，并在之前的研究中加入了一个二维非线性$\tau-p$偏振滤波器，加强分离后的信噪比。但这些方法均需要先知道速度信息。

（5）偏振（极化）滤波法。国内的学者们进行了极化滤波方法的大量研究工作。黄中玉等在1996年论述了三分量数据的偏振分析及应用；随后，李锦飞等在1998年提出了基于小波分辨分析的极化分析和滤波方法；1999年，张玉芬等分析了影响空间方向滤波效果的因素；毛兴鹏和刘永坦分析了产生极化损失的原因，并提出了补偿的方法；2000年，张国毅等又提出实数加权极化变换法。

（6）小波分析法。近年来，小波变换数学方法颇受青睐。1998年，李卫忠等在压制面波的处理时采用小波变换方法，提出该方法是一种理想的叠前面波压制方法；1999年，张志禹和高静怀将$\tau-p$变换与小波变换结合，提出了多尺度$\tau-p$变换法。该方法较常规$\tau-p$变换方法增加了一维，得到了较好的波场分离效果。2020年，Zhang Guoyin等将连续小波变换（Continuous Wavelet Transform，CWT）和卷积神经网络（Convolutional Neural Network，CNN）相结合，建立一种新的抗噪声分类器，以进行波形分类和拾取方法。将CWT-CNN分类器应用于合成和现场微震数据集，结果表明：CWT-CNN分类器比基本的深度前馈神经网络（Deep Feedforward Neural Network，DF-NN）具有更好的性能，尤其是对于低S/N的微震数据。CWT-CNN分类器具有浅层网络结构和较小的学习数据集，并且可以针对不同的数据集快速训练。CWT可以将微震数据分解为时频谱，有效信号和干扰噪声更容易区分。在CWT的帮助下，CNN可以专注于特定的频率分量来提取有用的特征，并构建更有效的分类器。

综上所述，可以在$t-x$域、$f-k$域、$\tau-p$域实现波场分离。从利用地震波特性角度，还可以分为视速度滤波法（如Radon变换法、中值滤波法）和偏振滤波法（如极化滤波法、小波分析法等）；其中，视速度滤波法大多数只针对单个分量进行。因此，能够综合利用多分量的数据优势，同时考虑地震波的视速度和偏振两大特征并且不需要先知晓速度等信息的分离法，必定是以后高保真度波场分离方法的发展方向。

2.2　VSP勘探方法基本原理

2.2.1　VSP主要地震波

（1）初至直达波。直达波是由震源点出发向接收点直接传播的波，即依次到达井内各观测点的初至波。直达波也称下行波，其波的旅行时间（简称“旅行时”）随观测点深度的增大而增大，形成的初至同相轴具有正的视速度，如图2-3（a）所示。

（2）一次反射波。一次反射波是由震源点出发向下传播，遇到反射界面后由反射界面向上反射，再传播到观测点的波。一次反射波旅行时随观测深度的增大而减小，且只有当观测点位于界面之上时才能记录到它，其同相轴具有负视速度，如图2-3（b）所示。

（3）多次波。VSP上多次波有上行多次波和下行多次波。凡是来自检波器以下的多次波都是上行多次波，其旅行时随观测点深度的增加而减小，其同相轴具有负的视速度，如图2-3（c）所示。反之，凡是来自检波器以上的多次波都是下行多次波，其旅行时随观测点深度的增加而增大，其同相轴具有正的视速度，如图2-3（d）所示。

（4）上行波。凡是接收来自观测点以下各种路径的波（无论是一次波还是多次波）统称上行波。

（5）下行波。凡是接收来自观测点以上各种路径的波（无论是初至波还是多次波）统称下行波。

图2-3（e）是一张假想的VSP记录剖面。1表示由最初震源点激发产生的下行直达波和一次反射波，用重粗线表示。2表示由界面1反射回来的波到达地表后，经地表反射重新产生的“下行直达波”和“一次反射波”，用中粗线表示；实际上都是多次波，前者是下行多次波，后者是上行多次波。3表示由界面2反射回来的波到达地表后，经地表反射重新产生的“下行直达波”和“一次反射波”，用细线表示；实际上也都是多次波，前者是下行多次波，后者是上行多次波。

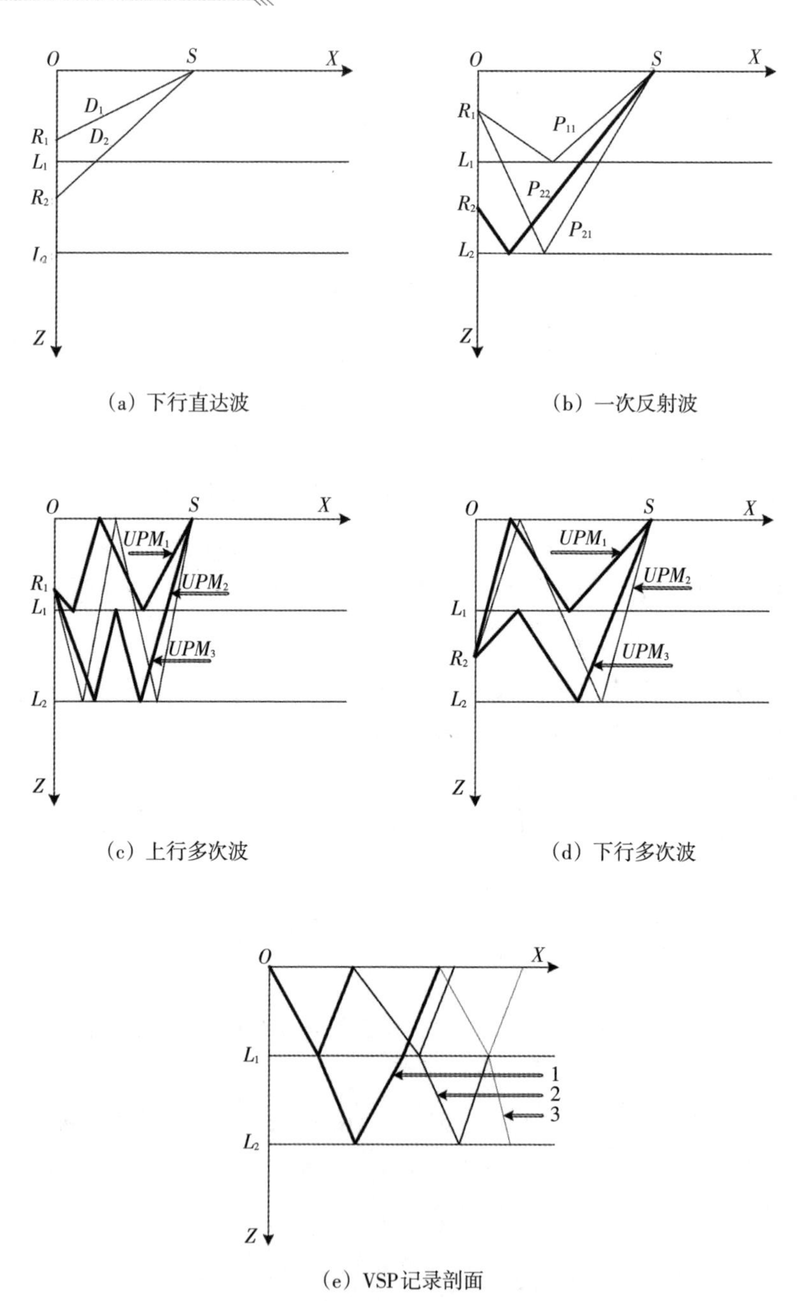

（a）下行直达波

（b）一次反射波

（c）上行多次波

（d）下行多次波

（e）VSP记录剖面

图2-3　VSP上几种主要地震波及其记录剖面

上述几种波是VSP中的主要地震波，可以计算其传播路径和振幅，从而模拟地震波从震源到达地面的过程，能更好地对模型进行正演。

2.2.2　VSP主流观测方法

自20世纪70年代苏联利用反向反射法成功地获取7 km的VSP连井剖面并准确地圈定礁块油气藏边界之后，1981年沃特（Wyatt）又提出VSP CDP（common depth point）处理。VSP技术开始向解决更复杂的地质问题方向发展。为适应各种不同目的的VSP采集任务，出现了各种不同的观测方法，设计了各种不同目标观测系统。目前进行VSP采集的观测方法有很多，根据其主要特点可分类如下：

①按井源距的不同，可分为固定井源距观测、移动井源距观测、井间观测、多（变）井源距观测。

②按震源、检波器和井三者空间位置组合关系，可分为零井源距观测、非零井源距观测、变（多）井源距观测、井间观测。

③特殊VSP观测方法，包括斜井、浅井、连井的VSP观测，地面地下联合观测，多次叠加采集及VSP面积观测等。

进行VSP测量时，通常将地震震源布置在地面或地表附近，并在井中按相间较近的距离放置检波器。从原理上讲，地面一次激发，井中各深度点上检波器同时接收，获得一张多道的垂直地震剖面。从实际情况考虑，在充满泥浆具有高温高压的深井中，要在各个深度点上同时记录地震波在技术和设备上存在许多困难，所以在生产中，往往采用单道或几道沿井逐点进行多次观测，最后将多次观测的记录拼成一张多道记录。若震源稳定、重复性好，则这种单点测量多次观测的方法与多点测量一次观测的方法，其效果基本是一致的。地面震源偏离井口的水平距离称为偏移距或井源距。现对几种主流的观测方法介绍如下。

（1）零井源距观测。从原理上讲，零井源距是使震源位于观测井的井口之上，如图2-4所示。当地下界面水平时，零井源距不能探测井深周围的地质情况；当地层倾斜时，地层的探测范围随地层倾角变化而变化，探测范围可用虚震源到起止观测点的两条直线所限的界面长度确定。而实际上，不可能使震源位于观测井的井口之上，震源一般距观测井井口都有一定距离。最大井源距约百米，小则几十米，且震源位置固定。每激发一次，测井检波器由井底向上提升一次。检波器间隔一般为20 m左右，最小距离3 m，最大距离50 m左右；

当求取速度时，一般采用等间距观测。若研究波的衰减或某一有意义的目的层时，则采用小间距观测。用零偏移距获得的资料，在纵向上有较高的分辨率，但在横向上仅是一个菲涅尔带的反射。因此，零偏移距的VSP也称为一维VSP。

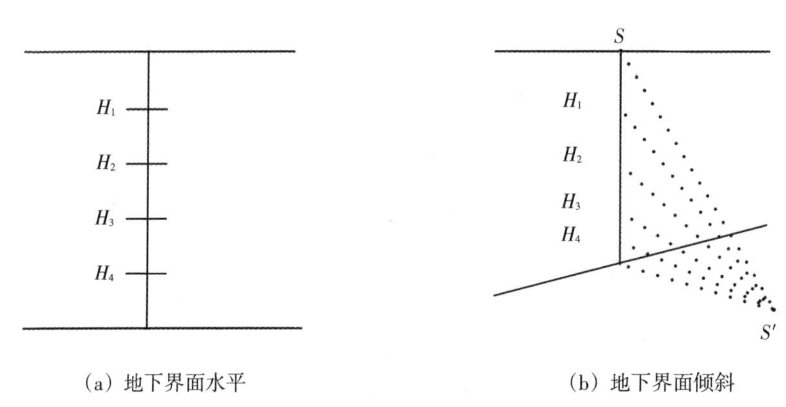

（a）地下界面水平　　（b）地下界面倾斜

图2-4　零井源距观测中偏移距与探测范围示意图

零井源距观测的主要目的是利用下行波求取层速度。另外，还可以进行波场分析、制作VSP地震道、预告未钻遇层位，并可连接水平地震剖面、测井曲线和地质剖面，也可为地震剖面进行反褶积提取子波及求取对水平地震资料进行处理和解释的各种参数等。

（2）非零井源距观测。非零井源距VSP即加尔彼林的非纵测线垂直剖面。非零井源距观测的优点包括减少瑞雷波的干扰、扩大井周围的勘探范围、接收转换波、便于进行特殊的研究等。非零井源距的震源固定在离所测井一定的位置上，其检波器由下向上提，井源距的大小根据目的层埋藏深度而定。井源距和可能勘探的界面范围之间的关系如图2-5所示。

当界面水平，且井为垂直井时，非零偏移距可勘探从观测井到震源一半距离的界面范围。当界面倾斜时，勘探界面的范围与倾角有关，勘探范围可用虚震源到井中最浅和最深的两个检波点所引直线截取的界面段近似地确定。显然，对于同样的偏移距，地层上倾方向的探测范围大于地层下倾方向的探测范围，所以在生产中，将震源设在地层上倾方向是有利的。偏移距的大小是观测系统设计的重要参数，除一般定性估计外，为了对设计的可行性进行比较可靠的论证，最好先做偏移距VSP射线追踪模型。一般说来，非零井源距观测是在根据钻井资料或地震资料初步确定有油气储集层之后，为了圈定其范围而使用的。

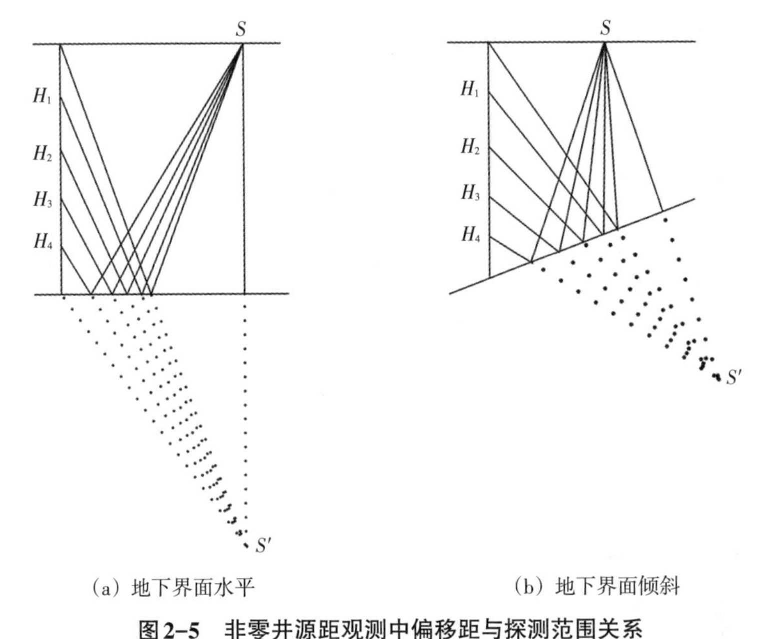

（a）地下界面水平　　（b）地下界面倾斜

图2–5　非零井源距观测中偏移距与探测范围关系

（3）逆VSP观测。逆VSP观测就是在井中放炮，地面布置检波器接收的一种观测方式，如图2–6所示。逆VSP技术的特点是在井中激发地面接收，作业效率有很大的提高。井中激发地面全方位接收，扩大井附近区域的覆盖范围，增加信息量且提高资料的应用价值，为VSP技术的发展拓宽空间。钻VSP测量（利用钻头噪声作震源）作为逆VSP技术的一种，具有资料应用的实时性，可以对钻前地层进行预测，在钻头尚未钻开地层之前进行标志层识别、归位，确定层速度。对钻头周围及前方目标成像，是钻前预测的有力工具。

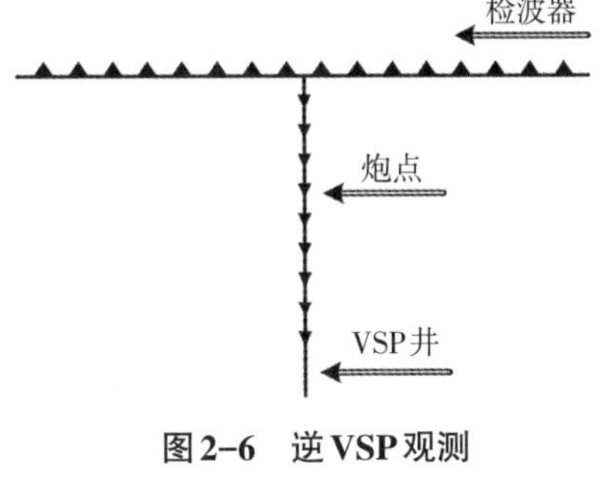

图2–6　逆VSP观测

（4）斜井VSP观测。上述观测都在垂直井中进行VSP观测，近年来也常有利用定向斜井作VSP观测的。这种斜井在海上最为常见，所以这种观测主要在海上环境下采用；但是从方法上来说，用到陆地上也没什么困难。斜井VSP观测有很多优点，例如，可以增加井附近界面的勘探范围，对于井周围或井之间复杂构造的细节变化可做出更高分辨率成像，直接用于地层及岩性解释，甚至可作为油田开发评价的一种手段。

斜井VSP观测方法同垂直井VSP观测方法一样，按照激发点与接收点几何位置的分布情况，斜井VSP观测方法主要包括垂直入射斜井VSP观测、井口激发斜井VSP观测和斜井WVSP观测。

垂直入射斜井VSP观测方法是将震源安置在井下检波器的正上方，一一对应地进行激发和接收。以海上为例，图2-7为海上垂直激发斜井VSP观测示意图。图中A'、B'为两个“炮圆”，其圆心恰在井中测点 A 、B 的正上方。震源必须在该“炮圆”内激发。为保证波的传播路径近似垂直，“炮圆”的直径不得超过观测点深度的2%～3%，且越接近井口，“炮圆”的直径应越小。

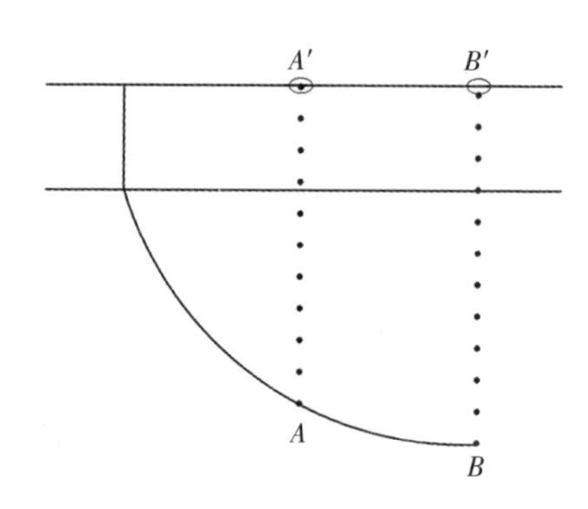

图2-7　海上垂直激发斜井VSP观测示意图

井口激发斜井VSP观测方法对海上、陆上地震勘探皆适用，尤其在陆上进行斜井VSP测量时，由于地表条件限制，有时会使震源位置难以按垂直激发接收布置；此时，可以选择井口激发方式进行观测。图2-8所示为井口激发斜井VSP观测示意图，震源位置在井口的较小范围之内，并且尽可能地与井处于同一个平面上。

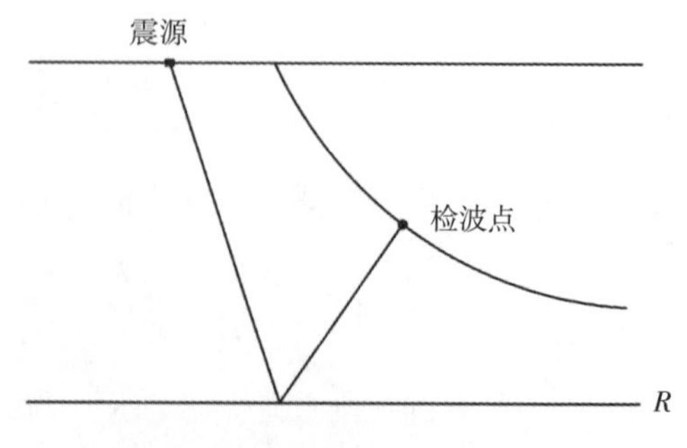

图2-8　井口激发斜井VSP观测示意图

斜井WVSP观测方法要求检波点位于斜井中的某一位置，震源在地面（或海面）上以等步长移动（图2-9）。图中震源线与井位处于同一个平面上，且两者分别位于井口两侧。这种观测方法的优点是能取得井另一侧的反射信息，可以作为井口激发斜井VSP观测和斜井WVSP观测的补充，拓宽观测范围。

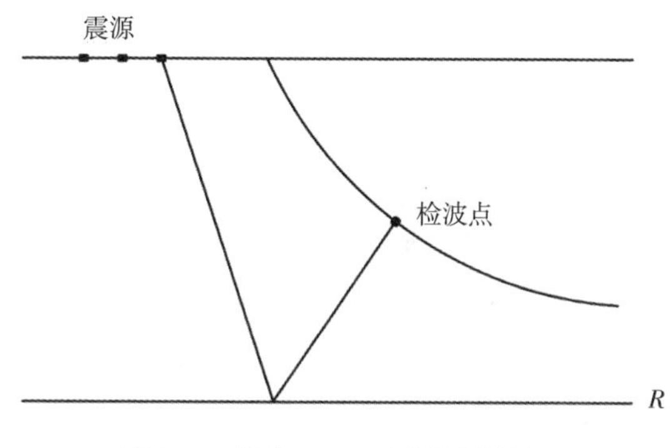

图2-9　斜井WVSP观测示意图

（5）3D-VSP观测。3D-VSP由在二维平面上的观测发展到三维体的观测，三维观测系统和二维的分类一样，也分为零偏移距、非零偏移距、直井和斜井观测系统。其特点是炮点不再局限于一条测线上，而是在一个平面上分布，对地下界面的观测范围变得更广。3D-VSP观测不但有二维VSP观测的特点，又有利于更好地进行地震成像和油气藏监测。设计合理的观测系统能够改善井孔附近地层的三维成像效果。

1982年，Balch等人进行了3D-VSP的试验。该观测系统能记录来自震源到地面检波器的直达透射纵波和横波，以了解震源与地面之间的地层情况，还可以记录震源以下各界面的反射。它可用于油田开发中的注水，以及人工压裂等动态的监视研究。一般说来，对于垂直井而言，炮点布置可以采用圆环形分布（炮点等距圆环状分布是炮点变距圆环分布的特例）或束状分布；对于斜井或水平井而言，炮点布置可采用椭圆环形分布或更为复杂的炮点分布。对于检波点，主要应针对目的层情况和检波器个数，设计好检波器的深度范围。在设计3D-VSP观测系统时，一方面要确定好井源距范围、检波点深度范围，以获得合适的观测面积；另一方面要确定好炮点和检波点的分布，以获得较好的覆盖次数。以上对VSP的特点、VSP中的几种主要地震波和VSP的观测系统仅作简单介绍，由此可以对各种观测系统有所了解，有利于对地震模型的正演模拟。

第3章　VSP三分量检波器定向方法

单分量的VSP记录（通常是垂直分量）能解决很多地质问题，但是随着勘探的地质构造类型越来越复杂，尤其需要利用转换波时，单分量记录已经不能满足油气勘探的要求。因此，由单分量VSP观测过渡到三分量观测就成为必然。目前在井中多分量地震勘探中，作为接收点三分量检波器的三轴不能很好地定向，尤其是两个水平分量在移动中的方位也随机变化，而且检波器不能记录采样时刻的水平轴取向。检波器三轴在井下旋转，使各道记录的能量不能够较好地进行对比，甚至有可能发生波形极性反转，因此，要从三分量资料中识别不同偏振特性的P波、转换SV波及SH波，必须把三分量旋转到已知的方向上。三分量合成的目的就是把不同观测点检波器的观测方位调整到相同方位，经合成后三分量能够消除检波器在井下各点旋转影响，地震资料处理效果也将会得到很大改善。对于直井三分量资料，通常两水平分量旋转定位后的方向为直达P波偏振方向在水平面内的投影方向和水平面内垂直于此投影方向；对于斜井三分量资料，定位后两个水平分量方向为炮点与检波点连线方向及垂直于炮点和井确定的平面方向；而直井和斜井三分量定位后的垂直分量均铅垂向下，后利用旋转定向后的三分量资料做后续处理。

3.1　直井VSP三分量检波器定向方法及原理

在直井VSP三分量资料采集时，检波器垂直分量的方向铅垂向下，两个水平分量的方向是随机的，因此只需对两个水平分量进行旋转定位。垂直分量不产生水平投影，因此定位只需通过对两个水平分量的计算就可完成。在水平分量定向中，须作如下假设：井下检波器接收到从P波震源传来的直达P波质点振动方向是线性的，都在震源和井确定的平面内，且在水平面内的投影也呈直线。同理可以得出：同一震源的转换SV波和SH波的传播方向与质点振动方向垂直，SV波质点振动位于井和震源确定的平面内，SH波质点振动垂直于该平面，且P波与SV波水平投影于同一条直线。由此可以看出：直达波偏振方向在水平面内的投影是确定的，若求出两个水平分量相对于该确定投影的方位，便可以将两个水平分量转换到以该投影为参考的一致坐标系内，从而完成两水平分量的定位。

设 x，y，z 分别为检波器的三分量（ z 为垂直分量， x，y 为两水平分量），H_p为直达P波偏振方向在水平面内的投影，图3-1表示观测时检波器三轴的方位关系；其中， x，y 两个水平分量的方向是随机的。

图3-2表示两个水平分量转换到以H_p为参考的一致坐标系（坐标用x'和y'表示），其中：x'与H_p方向重合，θ为x与H_p的夹角，又称为直达P波的偏振角。从图中定向前后的坐标关系可以得出：

$$\begin{cases} x' = x\cos\theta + y\sin\theta \\ y' = -x\sin\theta + y\cos\theta \end{cases} \tag{3-1}$$

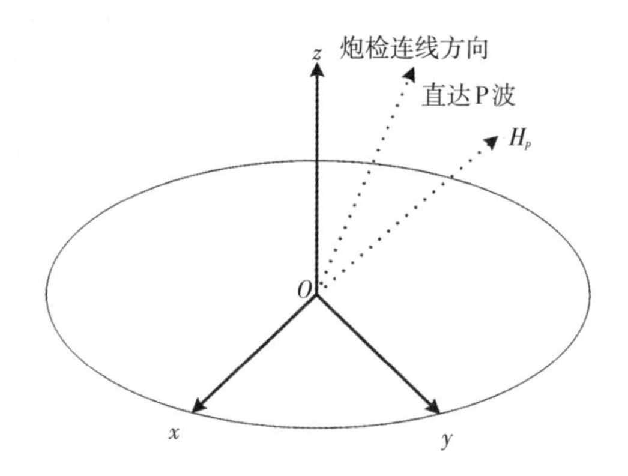

图3-1　水平分量x，y与直达P波的水平投影

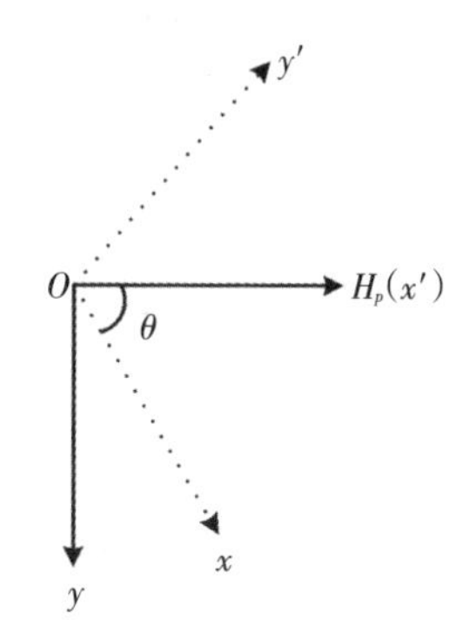

图3-2　水平分量x，y转换到以H_p为参考的坐标系

从式（3-1）中可以看出，只要求出直达 P 波的偏振角，就可将 x，y 两水平分量准确定位。θ 值的求取有很多方法，本书主要利用能量准则方法来求取。在接收到的三分量记录中，下行初至 P 波所受到的干扰最小，因此是计算偏振角的最好选择。由能量准则可知：VSP记录的能量随着方位角的不

同而发生变化，其中能量达到最大值时取得的角度即为偏振角。根据能量表达式

$$E(\theta)=\sum_{i}^{N}\left(x_i\cos\theta+y_i\sin\theta\right)^2 \tag{3-2}$$

其中，N 为时窗长度，i 的值从时窗起点取到终点。使$E(\theta)$达到极大值的条件为

$$\frac{\partial E(\theta)}{\partial\theta}=0 \tag{3-3}$$

从而可以求得 θ 值，即偏振角

$$\theta=\frac{1}{2}\arctan\frac{2\sum_{i}^{N}x_i y_i}{\sum_{i}^{N}\left(x_i^2-y_i^2\right)} \tag{3-4}$$

经过水平分量定向后，x'是两水平分量在平面内射线方向的投影，主要包含P波和转换SV波的成分；y'是两水平分量在平面内垂直射线方向的投影，主要包含转换SH波。由此可以看出，经过水平分量旋转定位后，可以分离出SH波；而要分离P波和SV波，还要做进一步波场分离。

3.2 斜井VSP三分量检波器定向方法及原理

在进行斜井VSP三分量资料采集时，检波器的垂向方向一般都沿着井迹方向，而水平分量方向仍然是随机的。三分量最后定位的方向一般采用垂向、径向（炮点和检波点连线方向）及切向（垂直于径向）方向，因此必须对三分量同时进行坐标旋转，此时水平分量方位角的计算也需用到三个分量。斜井三分量检波器定向仍然遵循直井检波器定位的假设前提条件，由于斜井检波器三分量初始方向与最后求得的三个分量方向关系很不明显，因此斜井VSP检波器三分量的旋转更为复杂，需要经过多次不同坐标间的相互转换。图3-3所示为斜井三分量旋转定向前后的方位示意图。

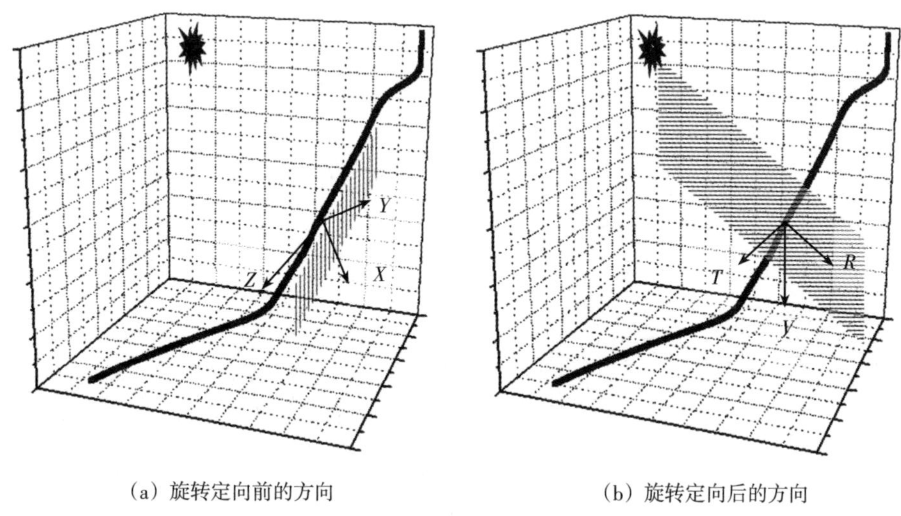

（a）旋转定向前的方向　　　　　　（b）旋转定向后的方向

图3-3　斜井三分量旋转定向前后的方位示意图

3.2.1　初始三分量c_1，c_2，c_3转换到u_1，u_2，u_3直角坐标系

设检波器接收到的三分量记录为c_1，c_2，c_3（其中c_3沿井迹方向），首先将三分量旋转到以u_1，u_2，u_3为轴的直角坐标系中（其中，u_3沿井迹方向；u_1铅垂向下；u_2垂直于u_1，u_3确定的平面），它们之间的坐标关系如图3-4所示。

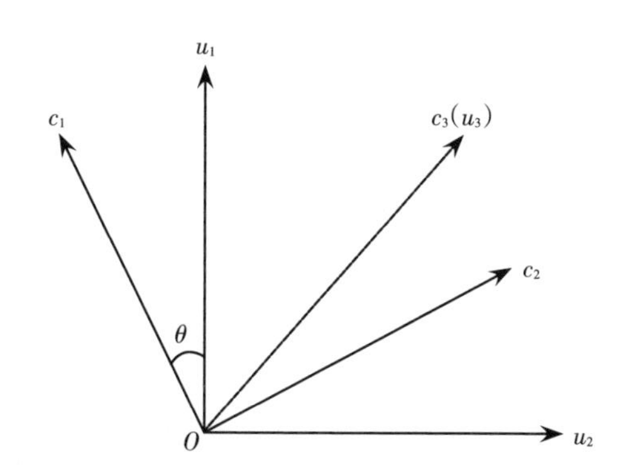

图3-4　初始三分量c_1，c_2，c_3与u_1，u_2，u_3坐标转换关系

其中，u_1与c_1的夹角为θ；u_1，u_2与c_1，c_2在同一个平面内；u_3与c_3同方向。根据图中三角关系建立c_1，c_2，c_3与u_1，u_2，u_3之间的关系得：

$$u_1 = c_1\cos\theta + c_2\sin\theta \tag{3-5}$$

$$u_2=-c_1\sin\theta+c_2\cos\theta \tag{3-6}$$

$$u_3=c_3 \tag{3-7}$$

写成矩阵形式：

$$\begin{bmatrix}u_1\\u_2\\u_3\end{bmatrix}=\begin{bmatrix}\cos\theta & \sin\theta & 0\\-\sin\theta & \cos\theta & 0\\0 & 0 & 1\end{bmatrix}\begin{bmatrix}c_1\\c_2\\c_3\end{bmatrix} \tag{3-8}$$

3.2.2 u_1，u_2，u_3与直角坐标x，y，z的关系

设u_1，u_2，u_3的方向余弦为（k_1，l_1，n_1），（k_2，l_2，n_2），（k_3，l_3，n_3），则u_1，u_2，u_3和x，y，z之间的关系为

$$\begin{cases}x=k_1u_1+k_2u_2+k_3u_3\\y=l_1u_1+l_2u_2+l_3u_3\\z=n_1u_1+n_2u_2+n_3u_3\end{cases} \tag{3-9}$$

写成矩阵的形式：

$$\begin{bmatrix}x\\y\\z\end{bmatrix}=\begin{bmatrix}k_1 & k_2 & k_3\\l_1 & l_2 & l_3\\n_1 & n_2 & n_3\end{bmatrix}\begin{bmatrix}u_1\\u_2\\u_3\end{bmatrix} \tag{3-10}$$

在图3-4中，u_3沿着斜井轨迹方向，由检波器位于井中的坐标可求得u_3的方向余弦：

$$(k_3,\ l_3,\ n_3)=\left(\frac{\Delta \boldsymbol{x}}{d},\ \frac{\Delta \boldsymbol{y}}{d},\ \frac{\Delta \boldsymbol{z}}{d}\right) \tag{3-11}$$

式（3-11）中，$\Delta \boldsymbol{x}$，$\Delta \boldsymbol{y}$，$\Delta \boldsymbol{z}$为u_3的方向矢量，$d=\sqrt{(\Delta \boldsymbol{x})^2+(\Delta \boldsymbol{y})^2+(\Delta \boldsymbol{z})^2}$。根据$u_1$，$u_2$，$u_3$三轴之间的关系求得：

$$(k_1,\ l_1,\ n_1)=\left(\frac{k_3}{d_1},\ \frac{l_3}{d_1},\ \frac{(n_3-n_3^{-1})}{d_1}\right) \tag{3-12}$$

$$(k_2,\ l_2,\ n_2)=\left(-\frac{k_3}{d_2},\ \frac{l_3}{d_2},\ 0\right) \tag{3-13}$$

其中，$d_1=\sqrt{n_3^{-2}-1}$，$d_2=\sqrt{k_3^{\ 2}+l_3^{\ 2}}$。

3.2.3　定向后三分量c_r，c_t，c_v与x_r，y_t，z_v的坐标关系

如图3-5所示，点S和R分别为炮点和检波点，其中S、R连线方向即为径向c_r方向，S、O连线方向为垂向c_v方向：设炮点坐标为$S(x_S，y_S，z_S)$，检波点坐标为$O(x_R，y_R，z_R)$，令$\Delta x = x_R - x_S$，$\Delta y = y_R - y_S$，$\Delta d = \sqrt{(\Delta x)^2 + (\Delta y)^2}$，由图中关系可得：

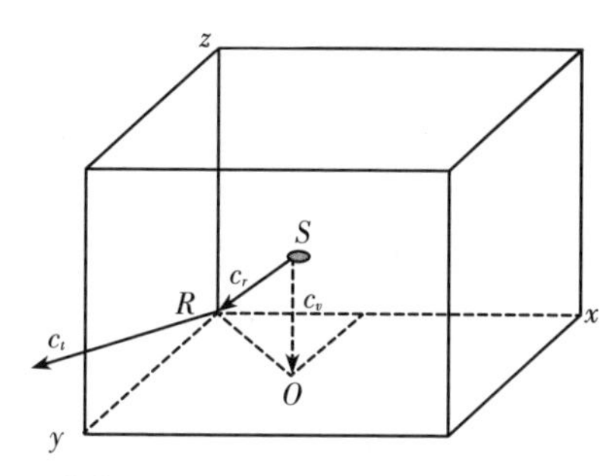

图3-5　定向后c_r，c_t，c_v三分量与x，y，z坐标关系

$$x = \frac{\Delta x}{\Delta d}c_r + \frac{\Delta y}{\Delta d}c_t \tag{3-14}$$

$$y = \frac{\Delta y}{\Delta d}c_r - \frac{\Delta x}{\Delta d}c_t \tag{3-15}$$

$$z = -c_v \tag{3-16}$$

写成矩阵形式：

$$\begin{bmatrix} c_r \\ c_t \\ c_v \end{bmatrix} = \begin{bmatrix} \frac{\Delta d}{\Delta x} & \frac{\Delta d}{\Delta y} & 0 \\ \frac{\Delta d}{\Delta y} & -\frac{\Delta d}{\Delta x} & 0 \\ 0 & 0 & -1 \end{bmatrix} \times \begin{bmatrix} x \\ y \\ z \end{bmatrix} \tag{3-17}$$

将式（3-8）与式（3-10）代入式（3-17），最后得到c_r，c_t，c_v同c_1，c_2，c_3的关系：

$$\begin{bmatrix} c_r \\ c_t \\ c_v \end{bmatrix} = \begin{bmatrix} k_1 & k_2 & k_3 \\ l_1 & l_2 & l_3 \\ n_1 & n_2 & n_3 \end{bmatrix} \times \begin{bmatrix} \frac{\Delta d}{\Delta x} & \frac{\Delta d}{\Delta y} & 0 \\ \frac{\Delta d}{\Delta y} & -\frac{\Delta d}{\Delta x} & 0 \\ 0 & 0 & -1 \end{bmatrix} \times \begin{bmatrix} \cos\theta & \sin\theta & 0 \\ -\sin\theta & \cos\theta & 0 \\ 0 & 0 & 1 \end{bmatrix} \times \begin{bmatrix} c_1 \\ c_2 \\ c_3 \end{bmatrix} \tag{3-18}$$

公式中只有水平分量方位角θ是未知量。下面介绍θ的计算方法。

（1）零偏VSP检波器水平分量方位角θ的计算。零偏VSP三分量资料一般都会记录到直达波。经过检波器定向旋转后，直达波能量主要分布在垂向分量上。当直达波的垂向分量能量达到最大时，测得的θ即为水平分量方位角。设直达波的垂向分量能量为$E_v(\theta)$，则

$$E_v(\theta)=\sum_{n=i_1}^{i_2}c_v^{\ 2}(n) \tag{3-19}$$

其中，n为直达波子波的采样点数。要使能量达到最大值，令

$$\frac{\partial E_v(\theta)}{\partial\theta}=0 \tag{3-20}$$

从而可以求得零偏VSP检波器水平分量方位角θ。

（2）非零偏VSP检波器水平分量方位角θ的计算。非零偏VSP三分量资料同样会记录到直达波。当炮点和检波点水平距离中等时，经过检波器旋转定向后，直达波除了主要分布在垂向分量上外，径向分量上也分布着相当的直达波能量，而切向分量上的直达波能量达到最小值。当水平分量方位角正确时，旋转定向后径向分量上和切向分量上的直达波能量差达到极大值。设此能量差为$E(\theta)$，则

$$E(\theta)=\sum_{n=i_1}^{i_2}c_r^{\ 2}(n)-\sum_{n=i_1}^{i_2}c_t^{\ 2}(n) \tag{3-21}$$

其中，n为直达波子波的采样点数。由式（3-20）与式（3-21）可以求出水平分量方位角θ，最后根据式（3-18）即可求出旋转定向后的三分量。

第4章　VSP速度分析及动校正方法

目前，VSP速度求取的方法有很多，本书提出一种VSP资料处理常规化的方法，指出井中反射波到达时间与偏移距（$t-x$）的关系是近似的双曲线形式。通过双曲线公式基于叠加或相关原理，通过扫描垂直往返时间与速度就可以得到速度谱，从而求出均方根速度；与此同时，可以利用Dix公式由均方根速度计算出井下方的层速度。这种方法可以简单地应用于各种VSP观测系统，进行井下覆地层叠加速度的求取。它是在已知下行波初至时间的基础上进行的，所求速度为井下覆地层的速度，弥补了以往速度求取中的盲区；所求速度可直接用于动校正，其高精度反射点位置的计算是目的层准确成像的保证。

对于转换波的速度分析和动校正，可根据转换波近似时距曲线公式，先借助常规速度谱方法求取转换波等效速度v_{ps}，在纵波速度已知的前提条件下，再根据复合速度换算法求出横波速度，最后进行动校正。然而，该方法在横波速度的求取上精度不高，有待改善。之后，又对转换波尝试使用双平方根时距方程进行速度分析和动校正，效果有所提高。同时，目的层转换点的精确计算也非常关键，直接关系到之后叠加成像效果。

4.1　VSP速度参数求取方法

地层层速度是一个重要地层物性参数。求取地层层速度的方法有很多，如利用Dix公式求取、利用声波测井资料计算、利用VSP资料初至时间反演等，这些方法各有千秋。利用Dix公式求取的层速度精度较差，适合一些对层速度精度要求较低的地质研究，而对于储层参数研究所需的高精度层速度数据，则难以满足要求；利用声波测井资料计算，虽然能够得到精确的地层层速度，但易受测井深度的制约。目前，在国内外各地质研究中所用的层速度值多数是利用VSP资料初至时间反演求得的。

4.1.1 VSP下行波求取纵波层速度

利用VSP资料提取层速度被认为是能精确且可靠地提取层速度的有效途径。当前有下面一些技术。

(1) 单一震源位于地表，检波器位于井内不同深度，通过观测震源到不同深度检波器的地震波旅行时之差计算层速度。

(2) 地面布置不同偏移距多个震源，检波器固定于井内某个深度，根据记录的多个震源的时差曲线计算均方根速度和层速度。

(3) 单个震源置于井中，地面布置检波器排列，根据时差曲线计算层速度。

(4) 布置多个震源，利用类似层析成像的解析方法计算层速度。

(5) 利用旅行时反演的方法计算层速度。

其中(1)、(5)较常用，着重介绍如下。

按上述技术(1)计算层速度，根据射线路径，相关假设如下：

①假设地层水平，并且震源位于井口（井口附近）位置，这时可直接由旅行时之差计算层速度，即

$$v=\frac{\Delta z}{\Delta t} \tag{4-1}$$

式中：Δz——井内两检波点之间的深度间隔；

Δt——两点观测的旅行时之差。

②当震源偏离井口，在不考虑射线弯曲或折射时，从震源到检波器地震波传播的射线路径是倾斜的直射线，需作一倾斜校正，即

$$v=\frac{\Delta z}{\Delta t}\cos\theta \tag{4-2}$$

式中：θ——射线偏离垂直线的角度。

上述两种算法所得层速度误差 δ_v 与初至时间测量误差δt的关系为

$$\delta_v=v\cdot\delta_t/(\Delta t+\delta_t)$$

式中：v——层速度真实值。

从式中可以看到，当 δ_t 与 Δt 的大小相当时，δ_v 可能很大。这说明由VSP初至时间反演层速度时，分辨力是有一定限制的，当然这种限制也隐含于其他

反演算法之中。此外，层速度误差也与 Δz 有关。一方面，提高层速度测量精度要求 Δz 尽可能小；另一方面，要保证 Δt 充分大于初至时间测量误差，要求 Δz 尽可能大。因此，需要提出一种折中的处理方法。

③当震源偏离井口，地层为水平层状，并考虑射线在界面上按斯涅尔定律（Snell's Law）发生折射。1965年，Grant和West曾导出沿射线路径旅行时的积分表达式：

$$T(H)=\int_0^H\left\{1-v^2(z)\left[\frac{1}{v^2(H)}-\left(\frac{\mathrm{d}T}{\mathrm{d}z}\right)_H^2\right]\right\}^{-\frac{1}{2}}\frac{\mathrm{d}z}{v(z)} \tag{4-3}$$

按此关系式，当知道 $T(H)$ 及其导数 $\left(\frac{\mathrm{d}T}{\mathrm{d}z}\right)_H$ 时，可用数值积分求出 $v(z)$。注意：T 是沿着垂直方向或沿井的旅行时，计算时先做第一层，再做第二层，以此类推。

1984年，Stewart利用合成资料对上面三个公式作过比较。如其所料，在没有噪声的情况下，式（4-1）偏差最大，而式（4-3）给出了很好的结果；但在有噪声的情况下，沿射线路径积分的式（4-3）也引起了不能允许的误差。

由第三种方法衍生而成的是剥皮法求层速度，Stewart、Pujol和王成礼等分别提出过原理相同、方法各异的剥皮法。剥皮法的要点是：先确定第一层速度 v_1，再确定第二层速度 v_2，以此类推，在确定第 $k-1$ 层的速度后，再确定第 k 层的速度。Stewart借助Grant和West的积分方程，Pujol使用迭代方法，王成礼通过求解非线性方程组，分别实现了各自的剥皮法。剥皮法的优点是计算快，缺点是误差累计并向下层传播，且愈到深层误差愈大，而解不稳定。

下面介绍利用旅行时反演求层速度的原理。VSP旅行时反演求层速度被认为是一种更有前途的技术，这种技术不仅能克服上述技术的某些缺点，还能适应多个震源偏移距及检波器深度间隔变化等复杂的VSP情况。

反演方法中最常用的是最小平方反演方法，即由VSP旅行时通过最小平方方法，估算层速度和其他参数。

假设 $t_c^i(v_j)$ 是第 i 个深度点根据前次估计的模型参数理论计算的旅行时，t_0^i 是第 i 个深度点实际观测的旅行时，定义如下：

$$e^i=t_0^i-t_c^i(v_j),\ i=1,\ m \tag{4-4}$$

为各个深度点旅行时的“残差”，其目的是在小范围内变动模型参数：

$$v_j^{(2)} = v_j^{(1)} + \Delta v_j \quad (j=1,\ 2,\ \cdots,\ n) \quad (n\ 是模型层数) \tag{4-5}$$

从而改变理论计算的旅行时：

$$t_c^i(v_j + \Delta v_j) = t_c^i(v_j) + \Delta t^i(v_j) \tag{4-6}$$

使观测值和理论计算值的残差 e^i 为零。对旅行时函数作泰勒级数展开，只保留一阶导数的线性项。因而有：

$$t_c(v_j + \Delta v_j) \approx t_c(v_j) + \sum_{j=1}^{n} \frac{\partial t_c^i}{\partial v_j} \Delta v_j \tag{4-7}$$

此时，新的残差为

$$e^i = t_0^i - t_c^i(v_j) - \sum_{j=1}^{n} \frac{\partial t_c^i}{\partial v_j} \Delta v_j \tag{4-8}$$

写成矩阵形式为

$$\boldsymbol{E} = \boldsymbol{Y} - \boldsymbol{AX} \tag{4-9}$$

式中：$Y = t_0^i - t_c^i(v_j) \quad (i=1,\ 2,\ \cdots,\ m)$

$$\boldsymbol{A} = (a_{i,j})_{m\times n},\ a_{i,j} = \frac{\partial t_c^i}{\partial v_j} \quad (i=1,\ 2,\ \cdots,\ m;\ j=1,\ 2,\ \cdots,\ n) \tag{4-10}$$

$$\boldsymbol{X} = \Delta v_j \quad (j=1,\ 2,\ \cdots,\ n) \tag{4-11}$$

根据最小平方判据，可建立下列形式的目标函数：

$$\boldsymbol{\phi} = \boldsymbol{E}^{\mathrm{T}}\boldsymbol{E} = (\boldsymbol{Y} - \boldsymbol{AX})^{\mathrm{T}}(\boldsymbol{Y} - \boldsymbol{AX}) \tag{4-12}$$

为使残差平方和为最小，有：

$$\frac{\partial \boldsymbol{\phi}}{\partial x} = -2\boldsymbol{A}^{\mathrm{T}}\boldsymbol{Y} + 2\boldsymbol{A}^{\mathrm{T}}\boldsymbol{AX} = 0 \tag{4-13}$$

$$\boldsymbol{X} = (\boldsymbol{A}^{\mathrm{T}}\boldsymbol{A})^{-1}\boldsymbol{A}^{\mathrm{T}}\boldsymbol{Y} \tag{4-14}$$

式中：$\boldsymbol{X}$ ——最小平方解。

旅行时函数实际上是非线性的，在求出的 $\boldsymbol{X}$ 修改模型参数 v_j 后，通常只能使理论计算的旅行时与观测的旅行时更加接近。因此，这个过程需要重复，直到旅行时残差在实验误差范围之内或者模型参数的改变已经不再有意义，再停止迭代并得到最后解。

为使最小平方解稳定和改善迭代过程的收敛速度，常采用阻尼最小平方方法，例如Levenberg-Marquardt（列文伯格-马夸尔特）方法，从而有：

$$X = (A^{T}A + \lambda^{2}I)A^{T}Y \tag{4-15}$$

式中：λ^2——阻尼参数；

I——单位矩阵。

考虑到 $A^{T}A$ 往往奇异或接近奇异，1984年Lines等提出一种奇异值分解（SVD）的方法，以解决 $A^{T}A$ 求不出逆矩阵以及解发散或收敛很慢的难题。这种奇异值分解方法，通过简单地调整奇异值，还可同时将Marquardt阻尼因子包括在其过程中。

这里没有讨论反演通常会遇到的非唯一性问题，以及地层模型构造形态本身不符合假设问题。为了解决这些问题，应发展各种带约束条件的反演方法，并且可以将构造形态（如倾角等）和地层速度一起作为模型参数。

1984年，Stewart曾用上述非线性最小平方反演方法，根据VSP旅行时对理论合成记录和野外实际记录估算层速度。合成资料表明：反演方法计算的层速度比前述沿射线路径积分方法更接近模型速度，并且旅行时即使加上3.0 ms的噪声之后，估算方法也仍然有效。除此之外，对于资料不好或资料缺失的浅层还可用深层的旅行时作约束，估算出比较合理的层速度。

Stewart、Jujol和Reshaw分别实现了反演迭代算法。Stewart和Jujol的算法十分相似，都是使用Levenber-Marquardt阻尼最小二乘法。其不同之处在于：Jujol的算法是将偏移距和初至时间作为输入数据，而将速度和射线参数同时作为待求的模型参数，不需要使用射线追踪程序计算旅行时。在Jujol和Stewart的算法中，泰勒展开式的高次项被完全略去不计，使得非线性的旅行时问题完全线性化。Reshaw对Jujol等人的算法作了较大改进，使用由Gill和Murray提出的修正的高斯–牛顿算法并考虑高次项的影响，但不需要计算高阶导数。

4.1.2 VSP数据横波速度求取方法

岩性地震学与储层研究除了需要纵波层速度（v_p）外，还需要横波层速度（v_s）。若能同时求得 v_p 和 v_s，则可以得到地层的泊松比。全波测井能得到较薄地层的纵波速度、横波速度、泊松比及其他弹性参数，但由于全波测井尚未普遍实施，且它是用 10^3 Hz量级的高频地震波测量，与地震勘探采用的10 Hz量级频率有相当大的差异，因此，用VSP求取地层纵波速度和横波速度是有意义的。

对于零偏移距VSP数据来说，由于井源距很小，下行转换波的能量较弱，在VSP记录上表现为断续出现的弱波，很难拾取这些弱波同相轴的时间来求取转换横波速度。纵波震源激发、非零井源距VSP观测所得到的P-SV转换波含有丰富的横波速度信息。前人用转换波初至时首先求取横波平均速度曲线，然后依据横波平均速度曲线求取横波层速度。这里简单介绍水平层状介质假设条件下在上、下行P-SV转换波垂直时距曲线方程的基础上，采用射线追踪方法求取横波层速度。

如图4-1所示，在水平层状介质假设条件下，设 H_i 为第 i 层地层的厚度（$i=1, \cdots, k$）；α_i 为 i 层地层底界面下行 P 波的入射角（$i=1, \cdots, k$）；β_i 为第 i 层地层的顶界面的上行P-SV转换波的入射角；v_{pi} 为第 i 层的纵波速度；v_{si} 为第 i 层的横波速度；x 为井源距。那么，由第 k 层界面产生并由第 N 层上的接收点所接收的上行转换波垂直时距曲线方程为：

$$\begin{cases} x=\sum_{i=1}^{k} H_i \tan\alpha_i + \sum_{i=k}^{N} H_i \tan\beta_i \\ t_N=\sum_{i=1}^{k} \dfrac{H_i}{v_{pi}\cos\alpha_i} + \sum_{i=k}^{N} \dfrac{H_i}{v_{si}\cos\beta_i} \end{cases} (N<k) \tag{4-16}$$

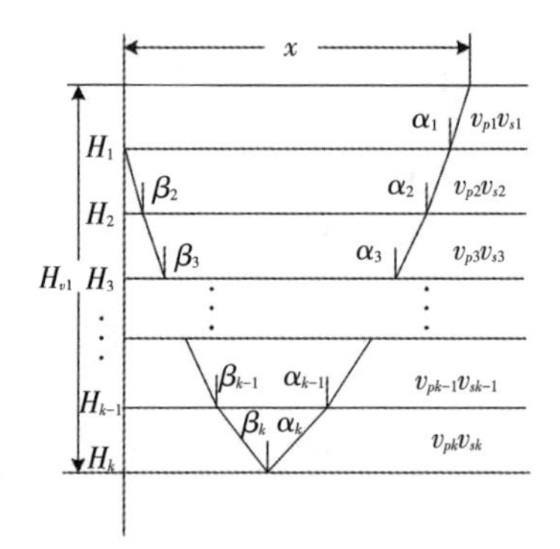

图4-1　上行转换波折线传播路径

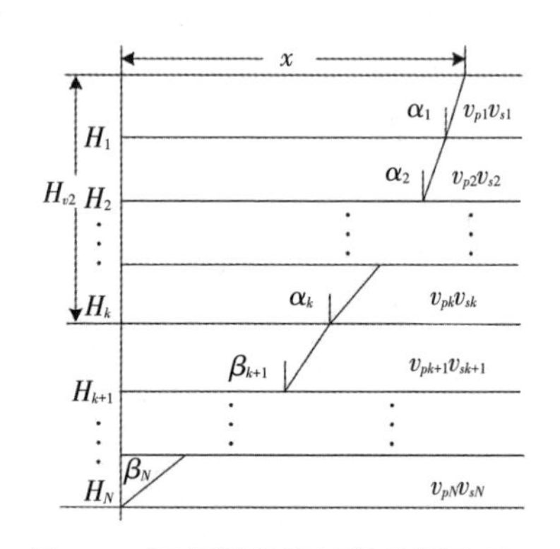

图4-2　下行转换波折线传播路径

在图4-2中，设 β_k 为第 k 层地层底界面下行转换波的入射角（$k+1 \leqslant k \leqslant N$），并假定在第 k 层地层的底界面产生下行转换波，且由第 N 层接收点接收。那么，可得到第 k 层底界面所产生下行转换波的垂直时距曲线方程：

$$\begin{cases} x=\sum_{i=1}^{k} H_i \tan\alpha_i + \sum_{j=k+1}^{N} H_j \tan\beta_j \\ t_N=\sum_{i=1}^{k} \dfrac{H_i}{v_{pi}\cos\alpha_i} + \sum_{j=k+1}^{N} \dfrac{H_j}{v_{sj}\cos\beta_j} \end{cases} (1 \leqslant i \leqslant k,\ k+1 \leqslant j \leqslant N) \tag{4-17}$$

由斯涅尔定律定理可知下行转换波

$$\begin{cases} v_{p1}/\sin\alpha_1 = v_{p2}/\sin\alpha_2 \\ \vdots \\ v_{pk-1}/\sin\alpha_{k-1} = v_{pk}/\sin\alpha_k \\ v_{pk}/\sin\alpha_k = v_{sk+1}/\sin\beta_{k+1} \\ \vdots \\ v_{sN-1}/\sin\beta_{N-1} = v_{sN}/\sin\beta_N \end{cases} \tag{4-18}$$

对于上行转换波，则有：

$$\begin{cases} v_{p1}/\sin\alpha_1 = v_{p2}/\sin\alpha_2 \\ \vdots \\ v_{pk-1}/\sin\alpha_{k-1} = v_{pk}/\sin\alpha_k \\ v_{pk}/\sin\alpha_k = v_{sk}/\sin\beta_k \\ v_{sk}/\sin\alpha_k = v_{sk-1}/\sin\beta_{k-1} \\ \vdots \\ v_{sN+1}/\sin\beta_{N+1} = v_{sN}/\sin\beta_N \end{cases} \tag{4-19}$$

令 $P = v_{p1}/\sin\alpha_1$ ，则

$$\sin\alpha_1 = v_{p1}/P，\cdots，\sin\alpha_k = v_{pk}/P，\cdots，\sin\beta_k = v_{sk}/P，\cdots，\sin\beta_N = v_{sN}/P \tag{4-20}$$

将式（4–20）代入式（4–18）得：

$$\begin{cases} x = \sum_{i=1}^{k} \frac{H_i v_{pi}}{\sqrt{P^2 - v_{pi}^2}} + \sum_{i=k}^{N} \frac{H_i v_{si}}{\sqrt{P^2 - v_{si}^2}} \\ t = \sum_{i=1}^{k} \frac{H_i P}{v_{pi}\sqrt{P^2 - v_{pi}^2}} + \sum_{i=k}^{N} \frac{H_i P}{v_{si}\sqrt{P^2 - v_{si}^2}} \end{cases} \tag{4-21}$$

式中：$i=1，2，\cdots，k$；$N<k$；$P>v_{pi}$，即 $v_{pi}/\sin\alpha_1 > v_{pi}$ ；$P>v_{si}$，即 $v_{pi}/\sin\alpha_1 > v_{si}$。

将式（4–20）代入式（4–19），得：

$$\begin{cases} x = \sum_{i=1}^{k} \frac{H_i v_{pi}}{\sqrt{P^2 - v_{pi}^2}} + \sum_{j=k+1}^{N} \frac{H_j v_{sj}}{\sqrt{P^2 - v_{sj}^2}} \\ t = \sum_{i=1}^{k} \frac{H_i P}{v_{pi}\sqrt{P^2 - v_{pi}^2}} + \sum_{j=k+1}^{N} \frac{H_j P}{v_{sj}\sqrt{P^2 - v_{sj}^2}} \end{cases} \tag{4-22}$$

式中：$i=1，2，\cdots，k$；$j=k+1，k+2，\cdots，N$；$N>k$；$P>v_{pi}>v_{si}$。

在上行与下行转换波界面埋藏深度已确定的情况下，若已知各地层厚度 H_i 及各地层的纵波层速度 v_{pi} ，则利用非线性方程式（4–21）和式（4–22）可求出地下各地层的横波速度。

4.2 VSP纵波速度分析及动校正原理

4.2.1 水平介质VSP中P-P波时距曲线方程

本书中速度分析是基于井中反射波接收时间与偏移距（$t-x$）的双曲线关系进行的，下面就介绍一下VSP反射波的时距方程，其示意图如图4-3所示。

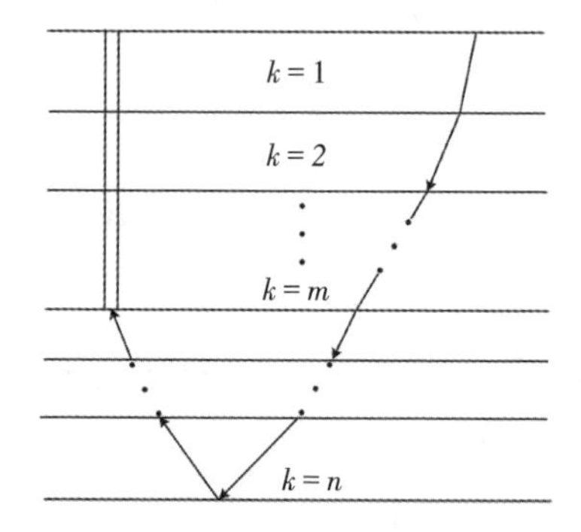

图4-3 水平层状介质P-P波射线传播路径示意图

在水平层状介质中，P-P反射波时距曲线的高次方程为

$$t_p^2(x)=c_1+c_2x^2+c_3x^4+c_4x^6+\cdots \tag{4-23}$$

式中：$c_i(i=1,2,3,\cdots)$ ——层厚度和速度的函数。

在井中接收VSP反射波的（$t-x$）关系推导如下：

$$x=\sum_{k=1}^{k=n}\frac{pv_kd_k}{\sqrt{1-p^2v_k^2}}+\sum_{j=n}^{j=m}\frac{pv_jd_j}{\sqrt{1-p^2v_j^2}} \tag{4-24}$$

$$t=\sum_{k=1}^{k=n}\frac{d_k/v_k}{\sqrt{1-p^2v_k^2}}+\sum_{j=n}^{j=m}\frac{d_j/v_j}{\sqrt{1-p^2v_j^2}} \tag{4-25}$$

式中：v_k，d_k ——第k层的速度和厚度；

p ——射线参数 $p=\dfrac{\sin\theta_k}{v_k}$；

θ_k ——第k层射线入射角度。

对式（4-25）中 $\sqrt{1-p^2v_j^2}$ 进行泰勒展开可得：

$$x=\sum_{k=1}^{k=n}pv_kd_k\sum\frac{1\times3\times5\times\cdots\times(2i-3)}{2\times4\times6\times\cdots\times(2i-2)}p^{2i-2}v_k^{2i-2}+$$

$$\sum_{j=n}^{j=m}pv_jd_j\sum\frac{1\times3\times5\times\cdots\times(2i-3)}{2\times4\times6\times\cdots\times(2i-2)}p^{2i-2}v_j^{2i-2}$$

$$=\sum_{i=1}^{\infty}\frac{1\times3\times5\times\cdots\times(2i-3)}{2\times4\times6\times\cdots\times(2i-2)}p^{2i-1}\left[\sum_{k=1}^{k=n}v_k^{2(i+1)-3}d_k+\sum_{j=n}^{j=m}v_j^{2(i+1)-3}d_j\right]\tag{4-26}$$

令q_1=1，$q_i=\dfrac{1\times3\times5\times\cdots\times(2i-3)}{2\times4\times6\times\cdots\times(2i-2)}$，则有：

$$a_i=\sum_{k=1}^{k=n}v_k^{2(i+1)-3}d_k+\sum_{j=n}^{j=m}v_j^{2(i+1)-3}d_j$$

代入式（4–26）可得：

$$x=\sum_{i=1}^{\infty}q_ia_{i+1}p^{2i-1}\tag{4-27}$$

令 $b_i=q_ia_{i+1}$，式（4–27）可改写成：

$$x=\sum_{i=1}^{\infty}b_ip^{2i-1}\tag{4-28}$$

同理，令 $\gamma_i=q_ia_i$，可得：

$$t=\sum_{i=1}^{\infty}\gamma_ip^{2i-1}\tag{4-29}$$

将式（4–29）和式（4–28）代入式（4–23），比较 p^2 的系数，从而可推导出：

$$c_1=\gamma_1^2=q_1a_1^2=a_1^2=\left(\sum_{k=1}^{k=n}\frac{d_k}{v_k}+\sum_{j=n}^{j=m}\frac{d_j}{v_j}\right)^2=t_{0r}^2\tag{4-30}$$

式中：t_{0r}——零偏移距时在井中接收到的时间。

同理：

$$c_2=\frac{a_1}{a_2}=\frac{\sum_{k=1}^{k=n}\frac{d_k}{v_k}+\sum_{j=n}^{j=m}\frac{d_j}{v_j}}{\sum_{k=1}^{k=n}d_kv_k+\sum_{j=n}^{j=m}d_jv_j}=\frac{1}{\bar{v}^2}\tag{4-31}$$

式（4–31）中的 $\bar{v}$ 可以被定义为在第 n 层反射时的均方根速度，其他变量的系数可以此类推。在实际应用中当偏移距不大时，可近似地只取前两项，得反射波双曲线方程：

$$t^2 = t_{0r}^2 + \frac{x^2}{\bar{v}^2} = \left(T_{or} - \frac{1}{2}T_{od}\right)^2 + \frac{x^2}{\bar{v}^2} \tag{4-32}$$

式中：T_{or}——反射界面处垂直往返时间；

T_{od}——接收点处垂直往返时间，这个值可根据$\frac{T_{od}}{d} = \frac{t_f}{y}$，利用初至时间$t_f$求出。

可利用VSP时距曲线公式（4-32）对VSP记录中的炮集记录和共深度点记录求速度谱，通过计算出均方根速度值，求得平均速度和层速度。

4.2.2 P-P波反射点计算与动校正原理

井旁精细成像是3D-VSP的优势，也是进行3D-VSP勘探的重要理由。VSP CDP叠加是VSP成像的一种方法，要想实现准确的归位，得到目的层精确成像，必须精确地计算出反射点位置。由于VSP射线路径是不对称的，所以即使在界面水平的情况下，反射点位置也不能利用炮点与接收点的中点位置来确定，而且反射点位置随深度而变化。本书中介绍了高精度反射点位置计算方法，为目的层准确成像提供保证。下面介绍两种VSP目的层上P-P波反射点位置的计算方法。

方法一：在已知偏移距x、检波器深度d、各深度点的平均速度V和反射波接收时间t_{vsp}时，根据图4-4可以建立如下关系：

$$L^2 = h^2 + \left(\frac{x+p}{2}\right)^2 \tag{4-33}$$

$$L^2 = \frac{t_r V(T_{or})}{2} \tag{4-34}$$

$$h = \frac{T_{or} V(T_{or})}{2} \tag{4-35}$$

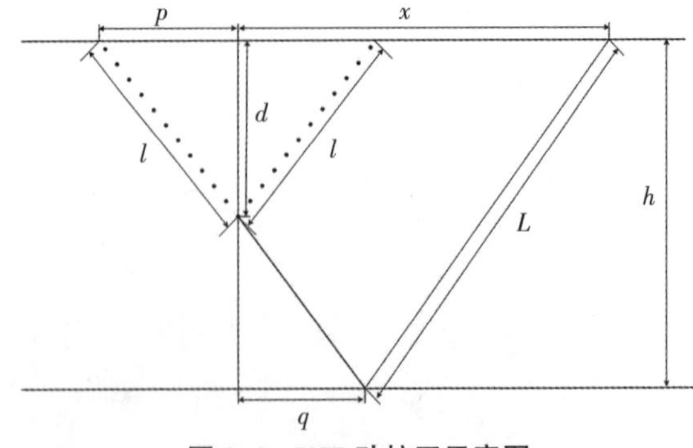

图4-4　VSP动校正示意图

式中：t_r——水平地震剖面中反射波到达地面的时间；

T_{or}——反射界面处的双程垂直旅行时；

$V(T_{or})$——界面处的平均速度。

将式（4–33）和式（4–34）代入式（4–35），经变换后得：

$$t_r^2 = T_{or}^2 + \left(\frac{x+p}{V(T_{or})}\right)^2 \tag{4-36}$$

再根据图4–4的几何关系，可建立如下关系：

$$\frac{p}{d} = \frac{x+p}{T_{or}V(T_{or})} \tag{4-37}$$

由式（4–37）可推导出：

$$p = \frac{xd}{T_{or}V(T_{or})-d} \tag{4-38}$$

检波器深度 d 可表示如下：

$$d = \frac{T_{od}V(T_{od})}{2} \tag{4-39}$$

再根据图4–4的几何关系，可建立如下关系：

$$p+q = \frac{x+p}{2} \tag{4-40}$$

由式（4–38）与式（4–40）可推求出 q：

$$q = x\left(\frac{T_{or}V(T_{or})-2d}{2T_{or}V(T_{or})-2d}\right) \tag{4-41}$$

结合式（4–39），式（4–41）可变形为

$$q = x\left(\frac{T_{or}V(T_{or})-T_{od}V(T_{od})}{2T_{or}V(T_{or})-T_{od}V(T_{od})}\right) \tag{4-42}$$

式中：T_{or}——反射界面处的双程垂直旅行时；

$V(T_{or})$——界面处的平均速度；

T_{od}——接收点处的双程垂直旅行时；

$V(T_{od})$——接收点处的平均速度。

将式（4–38）代入式（4–36）可得：

$$t_r^2 = T_{or}\left[1+\left(\frac{x}{T_{or}V(T_{or})-d}\right)^2\right]^{\frac{1}{2}} \tag{4-43}$$

同理，可得：

$$t_d^2 = T_{od}\left[1+\left(\frac{x}{T_{or}V(T_{or})-d}\right)^2\right]^{\frac{1}{2}} \tag{4-44}$$

式中: t_d——沿射线 l 传播的双程时间。

由此可推导出反射波接收时间 t_{vsp}：

$$t_{vsp} = t_r - \frac{t_d}{2} = \left(T_{or} - \frac{1}{2}T_{od}\right)\left[1+\left(\frac{x}{T_{or}V(T_{or})-d}\right)^2\right]^{\frac{1}{2}} \tag{4-45}$$

现利用式（4-39）将式（4-45）变形为

$$t_{vsp} = \left(T_{or} - \frac{1}{2}T_{od}\right)\left[1+\left(\frac{x}{T_{or}V(T_{or})-\frac{1}{2}T_{od}V(T_{od})}\right)^2\right]^{\frac{1}{2}} \tag{4-46}$$

通过 $\frac{T_{od}}{d}=\frac{t_f}{y}$ 求出 T_{od}（注：t_f 为初至时间），分析式（4-46），$V(T_{or})$ 可在确定 T_{or} 后给出，于是未知的只有反射界面处的双程垂直旅行时 T_{or}。

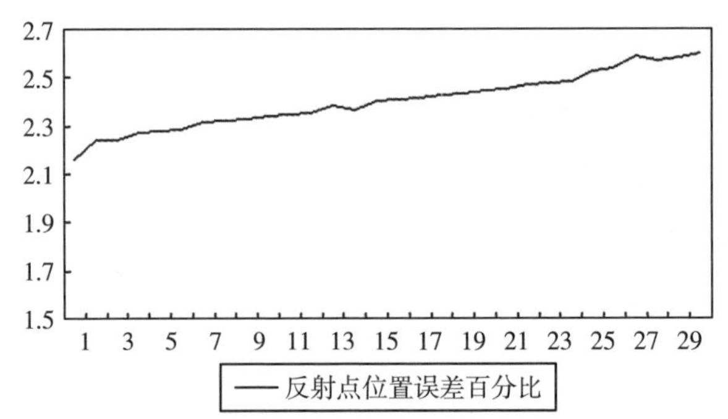

横轴：反射点位置；纵轴：反射点位置所对应的误差百分比

图4-5　偏移距1000 m时反射点位置误差分析

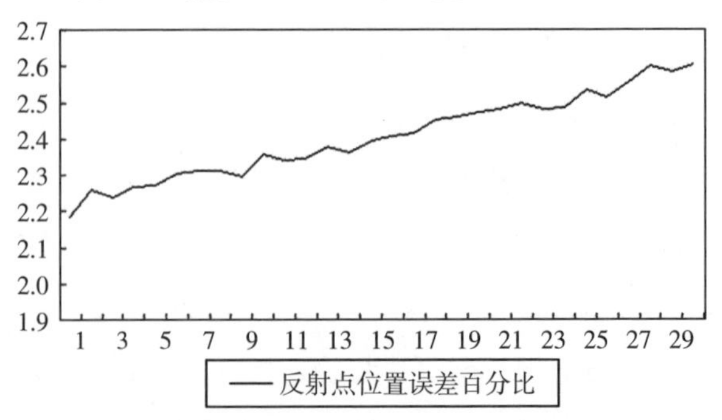

横轴：反射点位置；纵轴：反射点位置所对应的误差百分比

图4-6　偏移距1600 m时反射点位置误差分析

根据上述公式，反射点偏离井的距离 q 的值便可以求出，其中速度均为已知。在确定目的层深度 h 后就可以求出 q 的值，相应地，在二维或三维勘探中就可以求出反射点的坐标，然后便可在反射点面圆内进行抽道，从而得到共反射点道集。图4-5与图4-6是利用该方法对理论模型的目的层进行反射点位置求取后最终得到的误差结果，可看出其误差控制在3%以下。

方法二：将目的层上覆地层等效成速度随深度变化的连续介质模型，此方法考虑了波折射传播因素，反射点的位置计算相对比较准确。连续速度模型可以把速度描述为深度连续函数，在VSP反射点求取中，采用下行波初至时间将速度描述成线性函数的形式。具体计算方法描述如下。

对某一特定深度，等效速度函数采用深度的线性函数形式：

$$v_z = v_0(1+\beta z) \tag{4-47}$$

式中：v_z——任意深度的等效速度；

v_0——地表初始速度；

β——速度变化梯度。

设零井源距VSP初至时间为 t_0，非零井源距VSP初至时间为 t_1，深度为 z，则可用

$$v_0\beta t_0 = \ln(1+\beta z) \tag{4-48}$$

求取速度参数。令 $\alpha = v_0\beta t_1 = \frac{t_1}{t_0}\ln(1+\beta z)$，可得：

$$x^2\beta^2 + 1 + (1+\beta z)^2 - (1+\beta z)(\mathrm{e}^{\alpha} + \mathrm{e}^{-\alpha}) = 0 \tag{4-49}$$

式中：x——井源距。

将式（4-49）进一步化简可得：

$$x^2\beta^2 + 1 + (1+\beta z)^2 - (1+\beta z)^{1+\frac{t_1}{t_0}} - (1+\beta z)^{1-\frac{t_1}{t_0}} = 0 \tag{4-50}$$

由于式（4-50）中只含有未知数β，本书采用连分式法来求解此非线性方程的一个实根，在求解的过程中，要注意初值的选择。将求得的 β 代入式（4-48）可求得 v_0。再将 v_0 和 β 代入式（4-47）可求得任意深度的等效速度 v_z。求得 β 后便可根据射线方程及反射点、炮点、接收点的几何关系来求目地层的反射点位置。

先考虑反射点在 x 轴上位置的确定，通过分析图4-7的几何关系可以知

道：对于从震源 O 以 α_0 出射的任意一条射线，它与直线 $z=z_0$ 交点的横坐标 x_1 与该射线对应的反射点横坐标 x_R 的关系如下：

$$x_0-x_1=2\left(x_0-x_R\right) \tag{4-51}$$

式中：x——井源距。

已知射线方程为（该射线方程的原点位于震源 O 处）：

$$\left(x-\frac{1}{\beta}\cot\alpha_0\right)^2+\left[z-\left(\frac{-1}{\beta}\right)\right]^2=\left(\frac{1}{\beta}\csc\alpha_0\right)^2 \tag{4-52}$$

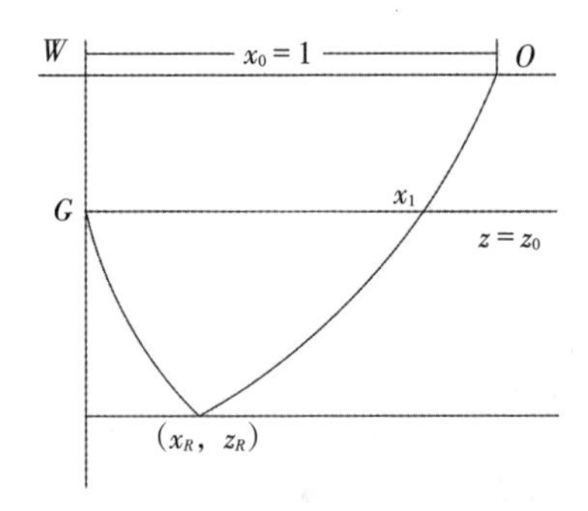

图4-7　连续介质中震源点O、接收点G及反射点的几何关系示意图

将检波器深度 z_0 及目的层深度 z_R 代入射线方程式（4-52），分别求得所对应的 x_1 和 x_R 为

$$x_1=-\left[\left(\frac{1}{\beta}\csc\alpha_0\right)^2-\left(z_0+\frac{1}{\beta}\right)^2\right]^{\frac{1}{2}}+\frac{1}{\beta}\cot\alpha_0 \tag{4-53}$$

$$x_R=-\left[\left(\frac{1}{\beta}\csc\alpha_0\right)^2-\left(z_R+\frac{1}{\beta}\right)^2\right]^{\frac{1}{2}}+\frac{1}{\beta}\cot\alpha_0 \tag{4-54}$$

由于射线表示的是圆的一部分，考虑到射线的特性，注意式（4-53）和式（4-54）中开方项前需选择负号。将式（4-53）和式（4-54）代入式（4-51）中，可推导出：

$$\begin{aligned}&x_0+\left[\left(\frac{1}{\beta}\csc\alpha_0\right)^2-\left(z_0+\frac{1}{\beta}\right)^2\right]^{\frac{1}{2}}-\frac{1}{\beta}\cot\alpha_0\\&=2\left\{x_0+\left[\left(\frac{1}{\beta}\csc\alpha_0\right)^2-\left(z_R+\frac{1}{\beta}\right)^2\right]^{\frac{1}{2}}-\frac{1}{\beta}\cot\alpha_0\right\}\end{aligned} \tag{4-55}$$

式中：x_0，z_0，z_R 均为已知，β 也已经在上面求得，所以由式（4-55）可求

得 α_0。本书采用蒙特卡洛法来求解此非线性方程的一个实根，在求解的过程中，要注意初值等参数的选择。将求得的 α_0 代入式（4-54）即可求得 x_R 的值，x_0-x_R 即为目的层反射点在 x 轴上偏离井口的距离。同理也可计算出反射点在 y 轴上偏离井口的距离。用此方法计算出反射点位置并将其与理论上反射点位置进行比较，显示两炮的误差结果，如图4-8、图4-9所示，误差基本控制在1%以下，效果比较好。

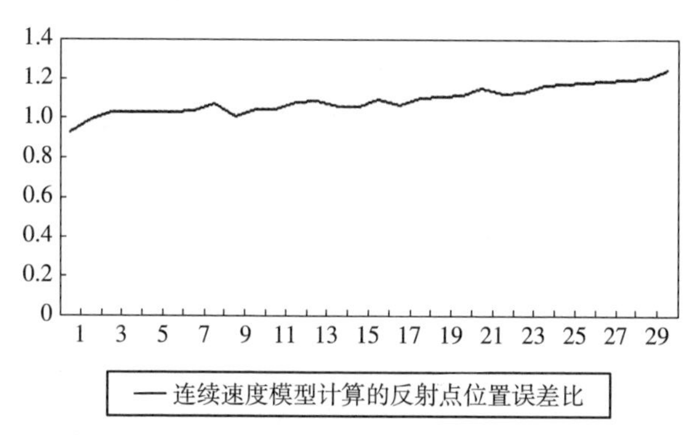

1.4
1.2
1.0
0.8
0.6
0.4
0.2
0
1 3 5 7 9 11 13 15 17 19 21 23 25 27 29
连续速度模型计算的反射点位置误差比

横轴：连续速度模型计算的反射点；纵轴：连续速度模型计算的反射点所对应的位置误差比

图4-8　偏移距1000 m时反射点位置误差分析

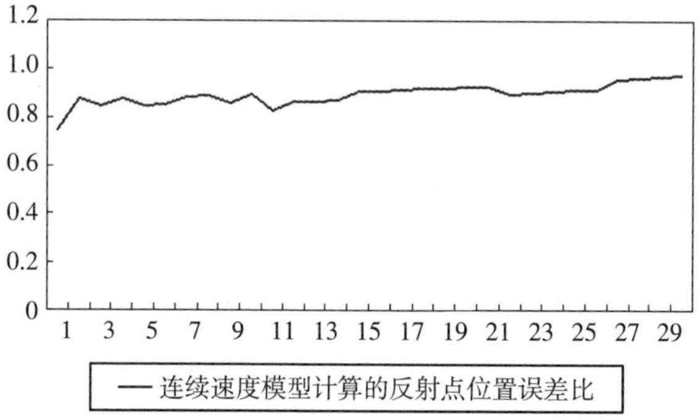

1.2
1.0
0.8
0.6
0.4
0.2
0
1 3 5 7 9 11 13 15 17 19 21 23 25 27 29
连续速度模型计算的反射点位置误差比

横轴：连续速度模型计算的反射点；纵轴：连续速度模型计算的反射点所对应的位置误差比

图4-9　偏移距1600 m时反射点位置误差分析

在三维地震记录中采用此方法分别计算出 x 方向和 y 方向上反射点偏离井口的位置，然后在确定的反射点面元内抽出诸多炮检对，再进行重排。上述方法亦适用于斜井3D-VSP抽道，此时的 x_0 是炮点偏离检波点在 x 轴上的水平距离，相对于不同深度的检波点，偏移距的值不同，可以利用已知的炮点和检波点的坐标来求出。

这里所说的动校正是指传统意义上的正常时差校正（normal move out，NMO）。对于二维和3D-VSP勘探来说，对抽出的共反射点道集进行动校正，就是把偏移距不同的各道上来自同一界面、同一点的反射波到达时间经正常时差校正后，校正为共反射点处的回声时间，以保证它们在叠加时能实现同相叠加，形成反射波能量突出的叠加道（相当于反射点上自激自收的记录道）。对于水平层状介质来说，动校正处理中需使用速度参数，如果选用的速度正确，反射波同相轴能被校正为直线，叠加时各道能同相叠加，对单次覆盖记录，动校正可用于炮集记录，直接得到单次覆盖地震剖面。这里动校正的实现分为两步：动校正量的计算和根据动校正量进行校正。

数字地震记录是离散采样：设地震记录采样率为Δt，采样个数为N，偏移距为x的地震记录为$y_x(i\Delta t)(i=1，2，\cdots，N)$，动校正速度为$v(i\Delta t)(i=1，2，\cdots，N)$。下面讨论利用上述VSP P-P反射波的时距曲线方程对地震记录$y_x(i\Delta t)$做动校正，得到动校正后的地震记录$y_0(k\Delta t)$。

如图4-10所示，要计算动校正后地震记录上第k个点$y_0(k\Delta t)$，应该有：

$$y_0(k\Delta t)=y_x(\tau) \tag{4-56}$$

其中，$\tau=\sqrt{\left(k\Delta t-\frac{1}{2}T_{od}\right)^2+\frac{x^2}{v^2(k\Delta t)}}$。

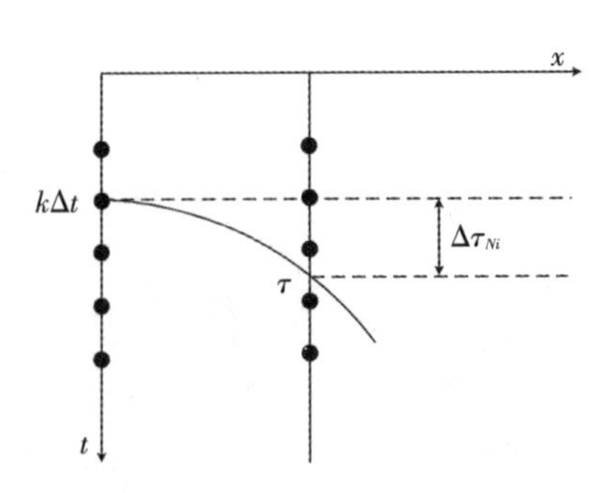

图4-10　离散动校正示意图

注意观察图4-10，时间τ并未落在动校正前地震记录$y_x(t)$的离散采样点上，它落在采样点k_x和k_x+1之间，离散地震记录$y_x(i\Delta t)$并不包含时刻τ的采样值。它需要利用相邻四点采样值内插或按照式（4-57）的采样定理恢复出来，另外对于动校拉伸较严重的道集要进行切除。

$$y_x(\tau)=\sum_{i=1}^{N}y_x(i\Delta t)\frac{\sin\frac{\pi}{\Delta t}(\tau-i\Delta t)}{\frac{\pi}{\Delta t}(\tau-i\Delta t)} \tag{4-57}$$

下面讨论离散动校正对地震记录波形的影响。地震记录上的子波由若干离散点组成，在动校正过程中，各个离散点动校正量不同，动校正之后的子波将不再保持原来的形态，子波形态发生相对畸变。图4-11说明了动校正造成子波波形畸变的过程，图4-11（a）显示动校正前地震记录的子波，τ_1，τ_2分别是子波的起始和终止时间，$T=\tau_2-\tau_1$是子波的延续时间。图4-11（b）显示动校正后地震记录的子波，τ_1'与τ_2'分别是动校正后子波的起始与终止时间，公式表示如下：

$$\begin{cases}\tau_1'=\tau_1-\Delta\tau_1\\ \tau_2'=\tau_2-\Delta\tau_2\end{cases} \tag{4-58}$$

式中：$\Delta\tau_1$与$\Delta\tau_2$——τ_1和τ_2点的动校正时差。

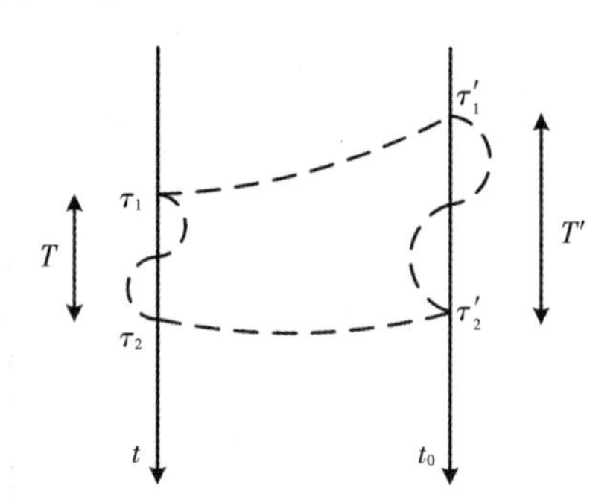

（a）动校正前地震记录的子波　（b）动校正后地震记录的子波

图4-11　动校正拉伸示意图

动校正后子波的延续时间：

$$T'=\tau_2'-\tau_1'=\left(\tau_2-\Delta\tau_2\right)-\left(\tau_1-\Delta\tau_1\right)=T+\left(\Delta\tau_1-\Delta\tau_2\right) \tag{4-59}$$

由于浅层的动校正时差大于深层的动校正时差，所以$T'>T$，在动校正后的地震记录上，子波的波形被拉伸，通常把数字动校正造成的波形拉伸称为动校正拉伸。为了定量地表示动校正拉伸，引入了拉伸系数的概念，其定义为

$$\beta=\frac{T'-T}{T}=\frac{\Delta T}{T} \tag{4-60}$$

动校正拉伸引起波形畸变，破坏了动校正共中心点道集上同相轴的相关性，降低了共中心点叠加的质量，其对叠加结果的纵向分辨率尤为有害。目前，实际地震资料处理中普遍采用的克服动校正拉伸的方法是外切除，即对拉伸率大于某个百分比的地震数据进行切除，共中心点叠加在切除之后的道集上进行。

4.3 VSP转换波速度分析及动校正原理

4.3.1 水平介质VSP中P-SV波时距曲线方程

类似于上述P-P波时距曲线的推导，可以得出转换波的时距曲线为

$$t^2=t_{0ps}^2+\frac{x^2}{\bar{v}_{ps}^2}=\left(T_{or}-\frac{1}{2}T_{0d}\right)^2+\frac{x^2}{\bar{v}_{ps}^2} \tag{4-61}$$

式中：t_{0ps}——在零偏移距时，纵波垂直入射，转换为横波反射时在井中接收的时间；

v_{ps}——转换波均方根速度。

在纵波速度已知的前提条件下，根据复合速度换算法求出横波速度，但是此方法精度不高。

另外，由转换波运动学原理的讨论已知，转换波的双平方根时距方程为

$$t_x=\sqrt{(t_{0P}/2)^2+(x_P/v_P)^2}+\sqrt{\left(\frac{t_{0S}-t_{0S}'}{2}\right)^2+(x_S/v_S)^2} \tag{4-62}$$

式中：x——井源距，$x=x_p+x_S$；

t_{0P}——纵波垂直往返时间，$t_{0P}=2H/v_P$；

x_P——转换点到炮点的水平距离；

v_P——纵波均方根速度；

t_{0S}——横波垂直往返时间，$t_{0S}=2H/v_S$；

t_{0S}'——横波到检波器深度处的垂直往返时间，$t_{0S}'=2Z/v_S$；

x_S——转换点到接收点的水平距离；

v_S——横波均方根速度。

根据界面深度 H 与检波器深度 Z，可得：

$$H = v_S \cdot t_{0S}/2 = v_P \cdot t_{0P}/2 = \frac{v_P v_S}{(v_P + v_S) \cdot t_{0PS}} \tag{4-63}$$

$$Z = v_S \cdot t'_{0S}/2 = v_P \cdot v'_{0P}/2 = \frac{v_P v_S}{(v_P + v_S) \cdot t'_{0PS}} \tag{4-64}$$

则有：

$$\begin{cases} t_{0P} = R \cdot t_{0S} \\ t'_{0P} = R \cdot t'_{0S} \\ t_{0S} = \dfrac{2}{1+R} \cdot t_{0PS} \\ t'_{0S} = \dfrac{2}{1+R} t'_{0PS} \\ t_{0P} = [2R/(1+R)] \cdot t_{0PS} \\ t'_{0P} = [2R/(1+R)] \cdot t'_{0PS} \end{cases} \tag{4-65}$$

式中：R——纵横波速度比，$R = v_S/v_P$；

t_{0PS}——转换波垂直往返时间，即纵波垂直入射到界面，转换为横波再垂直反射到地面的时间；

t'_{0PS}——转换波从检波器所在界面反射的往返时间。

将式（4–65）代入转换波时距方程得：

$$\begin{aligned} t &= \sqrt{(t_{0P}/2)^2 + (x_P/v_P)^2} + \sqrt{\left(\frac{t_{0P}}{2R} - \frac{t'_{0P}}{2R}\right)^2 + (x_S/v_S)^2} \\ &= \sqrt{\left(\frac{t_{0S}R}{2}\right)^2 + (x_P/x_S)^2} + \sqrt{\left(\frac{t_{0S} - t'_{0S}}{2}\right)^2 + (x_S/v_S)^2} \\ &= \sqrt{\left(\frac{R}{R+1} t_{0PS}\right)^2 + (x_P/v_P)^2} + \sqrt{\left(\frac{t_{0PS}}{1+R} - \frac{t'_{0S}}{2}\right)^2 + (x_S/x_P)^2} \end{aligned} \tag{4-66}$$

式（4–66）说明转换波到达时间可以分别表示成 t_{0P}，t_{0S} 与 t_{0PS} 的函数。

转换波速度分析除方法本身复杂外，分析过程也比 P 波复杂，因进行转换波分析的同时还需结合解释 v_P 和 v_S，整个分析过程按以下步骤完成：

（1）对VSP CSP或CDP道集的 P 波进行速度分析，求得 (t_{0P}, v_P)；

（2）在 $(t_{0P},\ v_P)$ 及纵波初至时间为已知的条件下，用 x 分量求取横波速度，得到 $(t_{0P},\ v_S)$ 和 $(t_{0PS},\ v_S)$；

（3）对 $(t_{0P},\ v_P)$，$(t_{0P},\ v_S)$，$(t_{0PS},\ v_S)$ 进行对比解释，确定同一地质层位的 t_{0P}、t_{0PS}，v_P 与 v_S。

（4）以 $(t_{0P3},\ v_S)$ 为已知条件进行第二次速度分析，第二次主要是在CCL道集上进行分析，求得比较精确的横波速度。

4.3.2 P-SV波反射点计算及其动校正原理

如前面所示，在纵横波速度已知的情况下，可推导出转换波反射点水平位移 x 的一元四次方程：

$$(\gamma^2-1)x^4+2x_0(1-\gamma^2)x^3+\left[\gamma^2y^2+x_0^2(\gamma^2-1)-(y-z)^2\right]x^2+2x_0(y-z)^2x-x_0^2(y-z)^2=0 \tag{4-67}$$

式中：$\gamma=v_P/v_S$；

x——反射点的水平位移；

x_0——震源到井口的水平距离；

y——地下目的层的深度；

z——检波器深度。

方程中的未知量 x 可利用牛顿迭代算法求解。用此方法计算出转换波转换点位置与理论上转换点位置进行比较，显示两炮的误差结果，如图4–12、图4–13所示，误差较小，效果比较好。

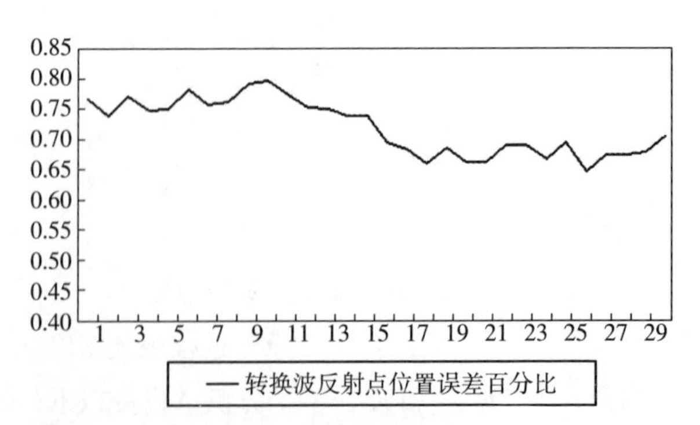

横轴：转换波反射点位置；纵轴：转换波反射点位置所对应的误差百分比

图4–12 偏移距1000 m时转换波转换点位置误差分析

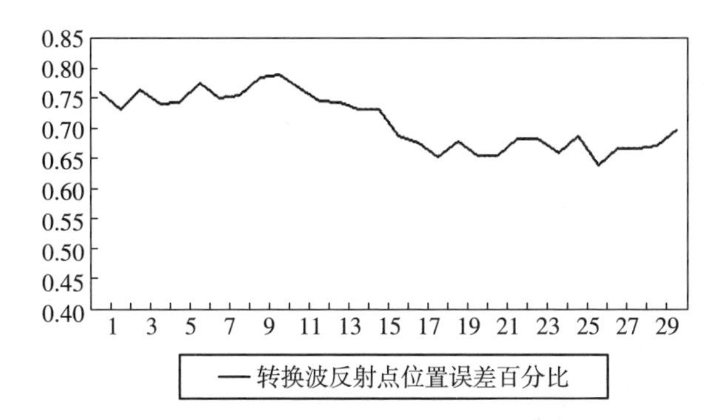

横轴：转换波反射点位置；纵轴：转换波反射点位置所对应的误差百分比

图4–13　偏移距1600 m时转换波转换点位置误差分析

P-SV波动校正的原理类似于P-P波的动校正原理。由转换波时距曲线公式（4–67）可知：转换波动校正后垂向坐标可以是t_{0P}，t_{0S}或t_{0PS}。

第5章 $\tau-p$ 域波场分离

在原始的VSP记录剖面上，有用波和干扰波是重叠的，有效信号和干扰噪声也都混合在一起，因此只有正确地识别和提取各种类型的波场，才能充分利用VSP有用信息，补充地面勘探的不足，为构造勘探、岩性勘探和油气开发服务。在分离VSP波场的上行波、下行波时，主要利用其视速度符号的差异。在VSP记录中，下行波旅行时随记录深度的增加而增加，视速度符号为正号；上行波旅行时随记录深度的增加而减少，视速度符号为负号。利用这一特点可以建立分离上行波、下行波的波场分离方法。之后利用波的速度和偏振特性，还能将上行波、下行波场中的纵波、横波分离。

5.1 $\tau-p$ 域滤波法波场分离研究

5.1.1 $\tau-p$ 变换基本原理

$\tau-p$ 变换又称线性Radon变换。在 $\tau-p$ 域进行波场分离时，首先将记录的波场由 $t-z$ 域变换到 $\tau-p$ 域，可见 $\tau-p$ 变换是一种映射关系。实际工作中，在 $\tau-p$ 域里应用射线参数 p 值（或称时距曲线的瞬时斜率）和它在时间轴上的截距 τ 来描述波的运动学特征。在 $\tau-p$ 域中可以使 $t-x$ 域中各种复杂的、交叉在一起的波形各自分离，这就给后来资料处理中分辨各种类型波带来方便。由 $t-x$ 域变换到 $\tau-p$ 域相当于做了一次坐标变换，令

$$\tau=t-px \tag{5-1}$$

p 为速度的倒数，称为慢度， p 的计算公式为

$$p=\frac{\mathrm{d}t}{\mathrm{d}x} \tag{5-2}$$

根据 p 的符号差异，VSP记录的上行波、下行波通过这种关系可以分别映射到 $\tau-p$ 平面的正、负半平面上，从而使上行波、下行波得到分离。还可以根据速度差异，利用该方法对已分离的上行波、下行波进行纵横波的分离，后面将对比做详细介绍。下面具体介绍 $\tau-p$ 变换的过程。

（1） $\tau-p$ 正变换。由 $t-z$ 域变换到 $\tau-p$ 域，在数学上相当于做了一次坐标变换，通常也称为倾斜叠加：

$$U(\tau,\ p)=\int_{-\infty}^{+\infty}u(\tau+pz,\ z)\mathrm{d}z \tag{5-3}$$

式中：$t=\tau+pz$，τ 为时间轴截距，$p=\dfrac{\Delta t}{\Delta z}$，它是上行波、下行波视速度的倒数，且上行波、下行波视速度在深度方向上符号相反，若把上行 p 波定义为负，则下行 p 波为正。

在VSP记录 $t-z$ 平面内，任何斜率大于零的直线根据正变换公式叠加，分布在 $p>0$ 的半平面；而斜率小于零的直线，则分布在 $p<0$ 的半平面。于是 $z-t$ 域中相互重叠混在一起的上行波、下行波经过 $\tau-p$ 变换，上行波分布在 p 值的负半平面，下行波分布在 p 值的正半平面，因此上行波、下行波场是能够分离的。

$\tau-p$ 正变换的离散形式为

$$u(\tau_m,p_n)=\sum_{j=1}^{j=J}U(t_m-p_nz_j,\ z_j)\ (m=1,\ 2,\ \cdots,\ M;\ n=1,\ 2,\ \cdots,\ N) \tag{5-4}$$

（2） $\tau-p$ 反变换。将记录空间的地震道变换到 $\tau-p$ 域，进行必要的处理后，再将波场反变换到 $t-z$ 域就可以恢复分离后的上行波、下行波。令 $\tau=t-px$，得到 $\tau-p$ 反变换公式为

$$u(t,\ z)=\int_{-\infty}^{+\infty}U(t-pz,\ p)\mathrm{d}p \tag{5-5}$$

将公式离散化，得到 $\tau-p$ 反变换离散公式：

$$u(t_m,\ z_n)=\sum_{j=1}^{j=J}U\ (t_m+p_jz_n,\ p_j)\ (m=1,\ 2,\ \cdots,\ M,\ n=1,\ 2,\ \cdots,\ N) \tag{5-6}$$

可见，从 $t-z$ 域中实现 $\tau-p$ 变换并不复杂。但是在变换过程中会出现假频、端点和截断等效应，这些都会使变换的质量和精度降低，使分离结果分辨率差。下面将对各种效应的产生以及压制方法做分析。

离散 $\tau-p$ 变换存在的问题。

（1）端点效应。在有限道数的共炮点道集 $z-t$ 记录中做 $\tau-p$ 变换会产生畸变，这种畸变就是端点效应。端点效应一般有近端点效应和远端点效应，近端点在倾斜叠加过程中轨迹为一条水平线，如图5-1所示；对于远端点，在倾斜叠加的过程中轨迹为一条斜线，如图5-2所示。

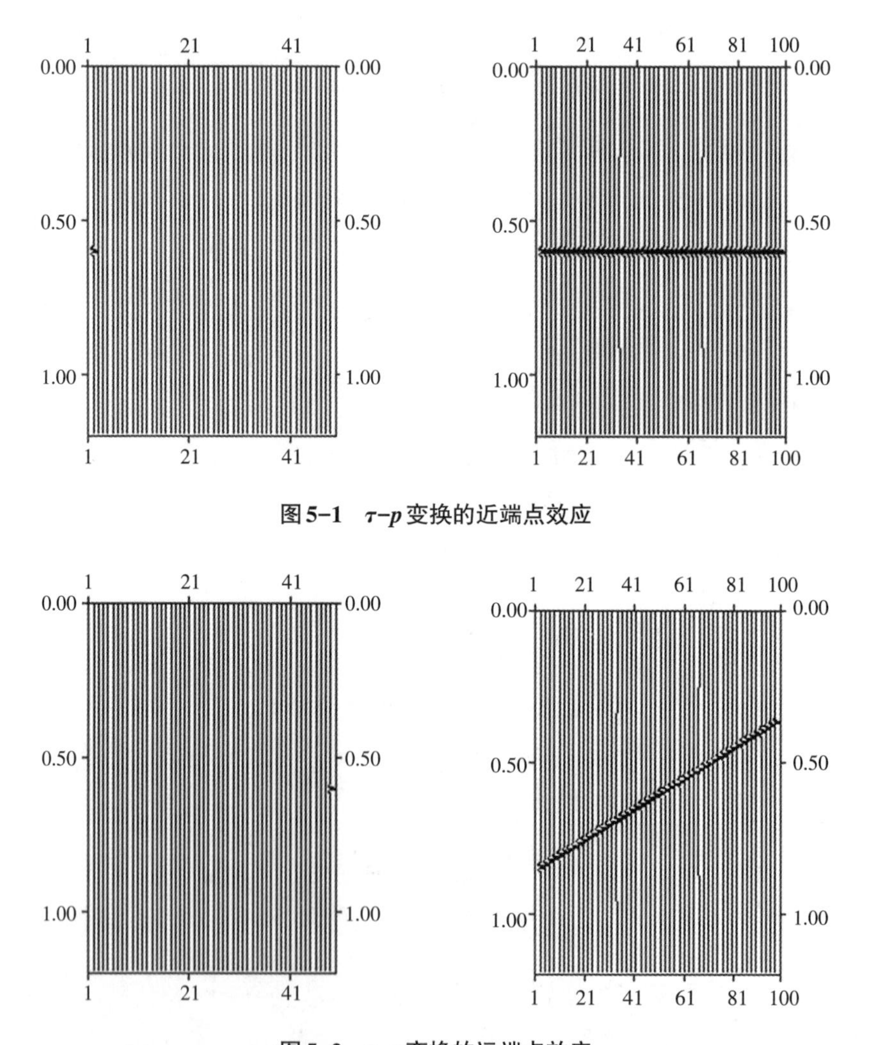

图5-1　$\tau-p$ 变换的近端点效应

图5-2　$\tau-p$ 变换的远端点效应

（2）假频。假频是一种很强的干扰，严重影响 $\tau-p$ 变换的质量。在 $\tau-p$ 变换中，倾斜叠加直线的斜率需满足：

$$p<\frac{1}{f\Delta x} \tag{5-7}$$

式中：f——有效波频率；

Δx——道间距，即空间采样率。

由此可以看出：有效波频率越高，空间采样率越低，无假频的范围就越小，在变换中假频就越严重。

压制假频和端点效应的方法有很多，有时窗法、相似函数法、滤波法、速度滤波法等。本书采用滤波法来解决这一问题。该方法对斜线做$\tau-p$变换时，正变换采用原始的正变换公式，反变换采用线震源变换公式：

$$U(\tau,\ p)=\int_{-\infty}^{+\infty}u(\tau+pz,\ z)\mathrm{d}z \tag{5-8}$$

$$U(z,\ t)=\int_{-\infty}^{+\infty}\frac{\mathrm{d}}{\mathrm{d}t}\left\{H\left[U(t-pz,\ p)\right]\right\}\mathrm{d}p \tag{5-9}$$

式中：H表示Hilbert变换。

反变换的离散公式为

$$u(z_n,t_i)=\sum_{n=1}^{n=N}H(t)\times U\left(t_i-p_jz_n,\ p_j\right)\ \left(i=1,\ 2,\ \cdots,\ I;\ j=1,\ 2,\ \cdots,\ J\right) \tag{5-10}$$

$$H(t)=\frac{2f_n}{t}\sin 2\pi f_nt-\frac{2\sin^2\pi f_nt}{\pi t^2} \tag{5-11}$$

式中：f_n——有效波的最高频率。

在正反变换中为避免出现假频，p的采样率须满足：

$$\Delta p\leqslant 1/\left(2\pi f_{\max}z_{\max}\right) \tag{5-12}$$

式中：$f_{\max}$——最高频率；

$z_{\max}$——数据的最大空间长度。

（3）截断效应。模拟两层水平地层的反射P波VSP记录，如图5-3所示。对其做$\tau-p$变换，如图5-4所示。从图中明显看出在$\tau-p$域能量并不集中，这就是$\tau-p$变换离散运算的截断效应。产生截断效应的原因是：$\tau-p$变换沿着直线进行积分时，每一个反射同相轴对于不同积分路径都有贡献，尤其是对近似于积分路径的同相反射轴影响较大，出现了图中似剪刀状的发散现象，也称为“漏斗”效应。

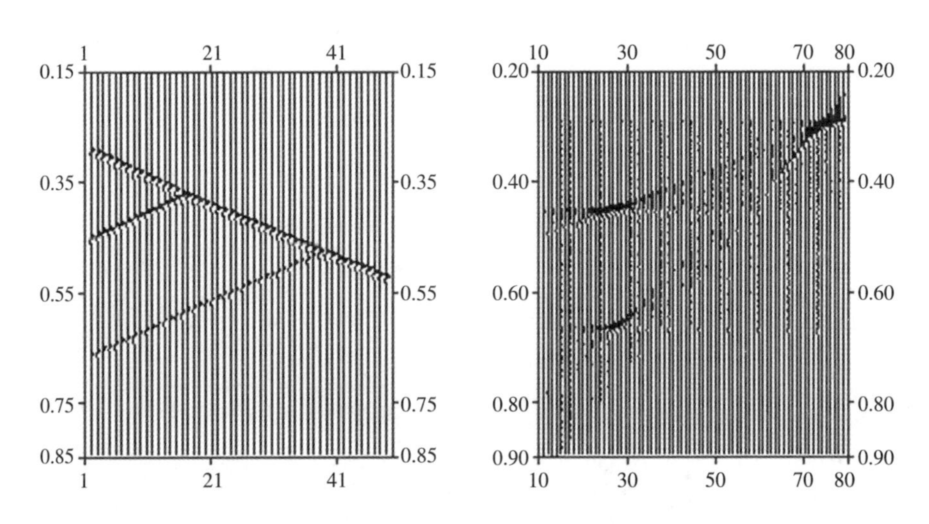

图5-3 两层水平地层的反射P波VSP记录　图5-4 $\tau-p$变换中出现的“漏斗”效应

为了消除“漏斗”效应和变换中假频现象，可以采用振幅测试滤波，即在每次做叠加计算时都做一次振幅比较。对于那些超出规定误差范围的非一致性振幅，直接滤除掉，图5-5为振幅测试滤波的结果。

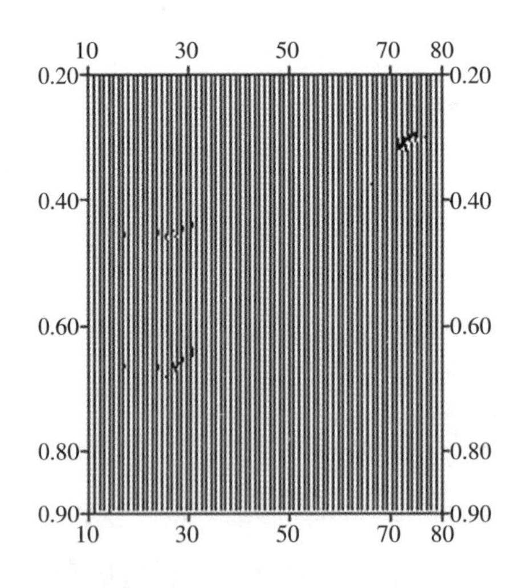

图5-5 振幅测试滤波后的$\tau-p$谱

5.1.2 $\tau-p$变换参数的选择

波场分离的效果与$\tau-p$变换参数的选择有很大关系。为了避免假频的影响，p 的采样率须满足：$\Delta p \leqslant 1/(2\pi f_{max} z_{max})$，其中 z_{max} 为数据的最大空间长度，即道间距，合成的理论记录可以直接给出，实际资料可以从道头中直接读得；f_{max} 为最高频率，它的确定需要把初始资料变换到频率域，在有效信息内部确定最高频率值。从 Δp 的公式可以看出：有效波频率越高，空间采样率越低，无假频的范围就越小，在变换中假频就越严重。本书针对理论模型分别做了采样间隔 dp 和道间距 dz 的选择试验。

（1）变换道间距 dz。当 $\tau-p$ 变换间隔 $\mathrm{d}p=2\times10^{-5}$ 不变时，记录道间距 $\mathrm{d}z=40$ m的理论记录的 $\tau-p$ 变换中切除上行波，保留下行波的反变换中假频严重，说明分离效果不佳。将道间距 dz 缩小至原来的 $\frac{1}{2}$，排列长度不变，相应道数增加一倍，再做相似的处理。此时的反变换结果假频明显减少，分离效果得到改善。

（2）改变 p 的间隔。保持记录的道间距 $\mathrm{d}z=40$ m不变，$\tau-p$ 变换间隔缩小为10^{-5}，此时切除上行波后的反变换上行波的反变换记录假频已经消失，分离效果很好。由此可以看出：在叠加过程中，减小 dp 和 dz 的值都可改善处理效果。如果野外记录道距离过大，可进行道内插值处理。但是盲目缩小两者的值又会带来计算量和机时耗费问题，因此应遵循在不影响效果的前提下尽量减少工作量的原则。对于 τ 和 p 范围的确定，以不丢失所需信息为准，尽量减小二者范围。

5.2　$\tau-p$ 变换法波场分离

5.2.1　$\tau-p$ 变换法波场分离步骤

单分量记录的波场分离比较简单，可以直接按照上面的 $\tau-p$ 变换公式进行分离。三分量记录波场分离相对复杂，其分离步骤为：

（1）$\tau-p$ 正变换。对原始的三分量记录进行 $\tau-p$ 正变换，分别得到三分量波场的 $\tau-p$ 谱，用于分离上行波场、下行波场。

（2）纵横波分离。根据 p 值的范围不同，分离出下行纵波和下行横波。

（3）$\tau-p$ 反变换。对分离出的上行纵波、上行横波、下行纵波及下行横

波进行 $\tau-p$ 反变换，从而得到分离开的时间–深度域的波场。

5.2.2 $\tau-p$ 变换法上下行波场分离

在 $\tau-p$ 域中，上行波的视速度符号为负，下行波的视速度符号为正。根据 p 值符号与上行波、下行波的联系，期望提取下行波，在 $\tau-p$ 平面将 $p<0$ 的半平面上值充零；同理，将 $p>0$ 的半平面值充零来提取上行波，此方法还可以消除上行波、下行波中的多次波。

5.2.3 $\tau-p$ 变换法纵横波场分离

根据弹性波传播理论，弹性分界面上不同类型的波的能量分配不但与界面两侧波阻抗相关，而且与入射角度的大小相关。当入射角度较小时，反射回来纵波的能量较强，而反射转换波能量相对较弱；随着入射角度的不断增大，反射回来的转换波的能量逐渐增强，而反射纵波能量相对逐渐减弱；当入射角度增大到超过临界角时，反射纵波能量非常小而反射转换波能量相当强。在 $t-z$ 域中，时间和深度坐标均与入射角没有直接联系，因此难以利用入射角和能量分配关系的特性进行纵横波的分离。但是，将 $t-z$ 域地震记录变换到 $\tau-p$ 域中，p 坐标是射线参数：

$$p=\frac{\sin\theta}{v} \tag{5-13}$$

式中：θ——入射角。

当速度 v 一定时，p 的值只与 θ 有关。由此可见，在 $\tau-p$ 域中分离纵横波是可以实现的。

（1）纵横波分离原理。利用 $\tau-p$ 变换方法对波场进行分离实际上是根据波的不同到达方向来实现的。不同的 p 值代表不同方向的波，而 p 值的大小又和炮检距、时间及速度相关。地震记录上的纵波、转换横波的速度均不相同，出现和延续的炮检距和时间也不相同。根据这一特性，通过选择 p 值的大小和分布范围，即可达到分离不同波场的目的。

在实际资料处理中，p 的取值主要通过地震记录上同相轴的视速度 v^* 来确定，即

$$p_{\min}=\frac{\sin\theta}{v_{\max}}=\frac{1}{v_{\max}^{*}} \tag{5-14}$$

$$p_{\max}=\frac{\sin\theta}{v_{\min}}=\frac{1}{v_{\min}^{*}} \tag{5-15}$$

由于纵波、转换横波等在地层中的传播速度差异较大，因而它们在地震记录剖面上的视速度也存在着较大差异。通过估算不同波的视速度差异，选择 p 的大小和范围，在理论上可以实现纵横波的分离。

实际上，当地震记录的信噪比很低，这些规则波与随机噪声相比能量很弱时，不容易很好地分离。为此，在波场分离之前，首先要做增强信噪比的工作。

（2）参数的确定。p 值范围确定后，还要确定 p 的采样间隔 Δp 。Δp 除了需要满足上节中讨论的限定条件外，在对波场进行纵横波分离时，还需满足：

$$\Delta p<\frac{t_0^{\ 2}}{2vf_N(t_0^{\ 2}+x^2/v^2)^{3/2}\sin\theta} \tag{5-16}$$

其中，t_0 为垂直入射波的双程旅行时，f_N 为最高截频。实际资料处理时，Δp 值尽量取小，以尽量减小假频的产生，保证信号不失真地恢复。当然，Δp 值的减小也相应增加了计算量。因此，Δp 的选择，首先要保证信号不失真，其次要考虑计算量的大小。

在用 $\tau-p$ 变换分离纵横波场时，当有效波（如纵波）与规则干扰波（如转换波）速度差较小时，要求 $\tau-p$ 变换有高的分辨率。因此，$\tau-p$ 变换也存在分辨率的问题。设在时空域中，同一时刻有两个方向不同的同相轴，它们的 p 值分别为 p_1 和 p_2 ，其差值为 $\Delta p=p_1-p_2$ ，要在 $\tau-p$ 域中将这两个同相轴分辨出来所需要的最小 Δp 值就称为 $\tau-p$ 变换的方向分辨率，Δp 的取值为

$$\Delta p=\left|p_1-p_2\right|=1/(f\cdot N) \tag{5-17}$$

式中：f ——地震信号分辨率；

　　N —— $\tau-p$ 变换求和的道数。

5.3 $\tau-p$变换与偏振分析相结合法波场分离

5.3.1 $\tau-p$变换与偏振分析相结合的方法与原理

视速度和偏振是地震波的两大特性，上面介绍的$\tau-p$变换法波场分离主要利用了不同波场视速度差异。本章主要利用地震波的运动学和动力学特征来进行波场分离。用此方法进行纵横波分离时作如下假设：

① 井附近的介质是各向同性或者是分层均匀各向同性的；

② 质点在震源和井组成的平面内运动，仅由在此平面内传播的P波和SV波引起；SH波的质点振动垂直于这个平面。实际接收到的三分量资料经过定向旋转后，基本上已经能够满足这一假设。

③ 入射波仅从井的同侧入射。

设u_x，u_y，u_z为VSP三分量资料经坐标旋转定向后的三个分量（u_x，u_y为水平分量，u_z为垂向分量），根据地震波的视速度特性，将一个水平分量u_x（一般选取径向分量）和垂向分量u_z经过$\tau-p$变换得到$\tau-p$域记录U_x和U_z；然后根据地震波的偏振特性，在$\tau-p$域分离P波和SV波，得到分离后的P波和SV波$\tau-p$谱U_P和U_{SV}；最后将U_P和U_{SV}进行$\tau-p$反变换，得到分离后的P波和SV波。

将u_x，u_z做$\tau-p$变换，详见5.1.1节。在$\tau-p$平面内，P波与SV波偏振方向如图5-6所示。

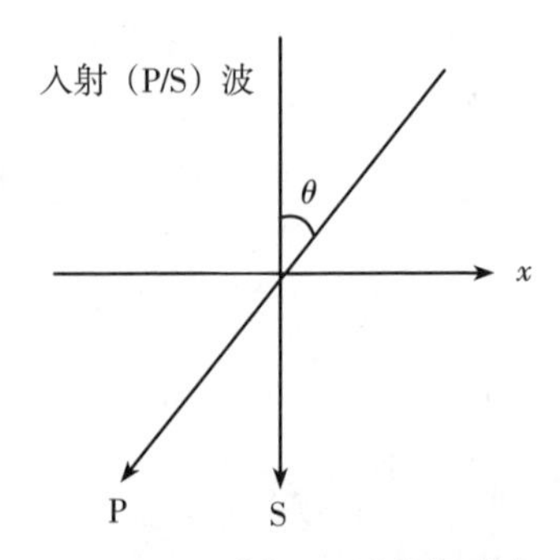

图5-6　P波与SV波偏振方向

根据偏振角做矢量合成，有：

$$\begin{cases} U_z = U_{SV}\sin\theta_{SV} + U_P\cos\theta_P \\ U_x = U_{SV}\cos\theta_{SV} - U_P\sin\theta_P \end{cases} \tag{5-18}$$

由上式可以推导出：

$$\begin{cases} U_P = U_Z\sin\theta_{SV}/Q - U_x\cos\theta_{SV}/Q \\ U_{SV} = U_Z\cos\theta_P/Q - U_x\sin\theta_P/Q \end{cases} \tag{5-19}$$

其中，$Q = \sin\theta_P\sin\theta_{SV} + \cos\theta_P\cos\theta_{SV}$。$\theta_P$，$\theta_{SV}$ 分别为P波和SV波的入射角：

$$\begin{cases} \cos\theta_P = pv_P \\ \sin\theta_P = \sqrt{1-p^2{v_P}^2} \end{cases} \tag{5-20}$$

$$\begin{cases} \cos\theta_{SV} = pv_{SV} \\ \sin\theta_{SV} = \sqrt{1-p^2{v_{SV}}^2} \end{cases} \tag{5-21}$$

式中：v_P，v_{SV} ——纵横波速度。

利用这个方法，还可以推导 $\tau-p$ 域内分离后的垂直Z分量和水平H分量的纵横波：

$$\begin{cases} U_{PH} = -U_P\sin\theta_P = -U_Z\cos\theta_{SV}\cdot\sin\theta_P/Q + U_H\sin\theta_P\cdot\sin\theta_{SV}/Q \\ U_{PZ} = U_P\sin\theta_P = U_Z\cos\theta_{SV}\cdot\cos\theta_P/Q - U_H\sin\theta_{SV}\cdot\cos\theta_P/Q \\ U_{SH} = U_S\cos\theta_{SV} = U_Z\sin\theta_P\cdot\cos\theta_{SV}/Q + U_H\cos\theta_P\cdot\cos\theta_{SV}/Q \\ U_{SZ} = U_S\sin\theta_{SV} = U_Z\sin\theta_P\cdot\sin\theta_{SV}/Q + U_H\cos\theta_P\cdot\sin\theta_{SV}/Q \end{cases} \tag{5-22}$$

式中：U_{PH}，U_{PZ}，U_{SH}，U_{SZ} ——分开的 $\tau-p$ 域H、Z分量纵波及H、Z分量横波。

最后根据 $\tau-p$ 反变换公式还原时间–深度坐标的纵横波。

5.3.2 $\tau-p$变换与偏振分析相结合法波场分离

为了验证 $\tau-p$ 变换与偏振分析相结合法进行波场分离的正确性和有效性，本节模拟了直井垂直分量的上行波场和水平分量定向合成后的上行波场，如图5–7所示。

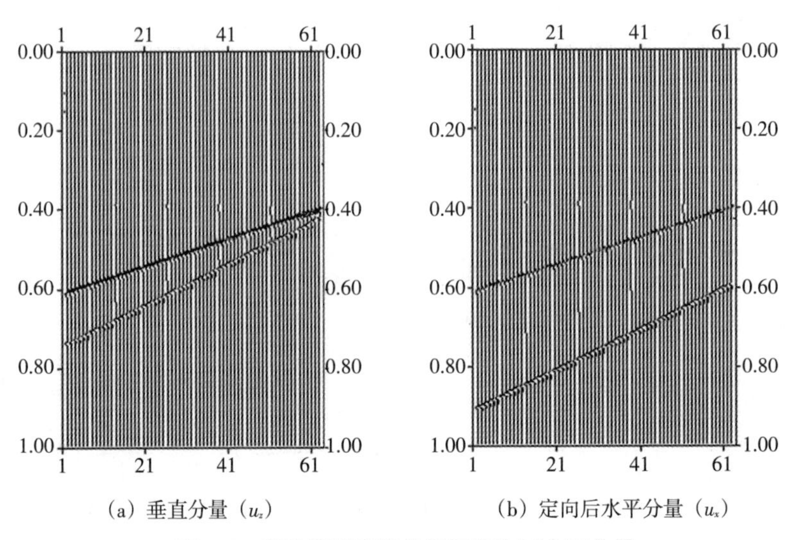

（a）垂直分量（u_z）　　（b）定向后水平分量（u_x）

图5-7　理论模型垂直分量和定向后水平分量

下面针对以上合成的直井VSP理论记录，介绍 $\tau-p$ 变换与偏振分析相结合的方法进行波场分离的步骤：

（1）将合成的原始记录 u_x，u_z 做 $\tau-p$ 正变换，分别得到两个分量的 $\tau-p$ 谱，如图5-8所示。

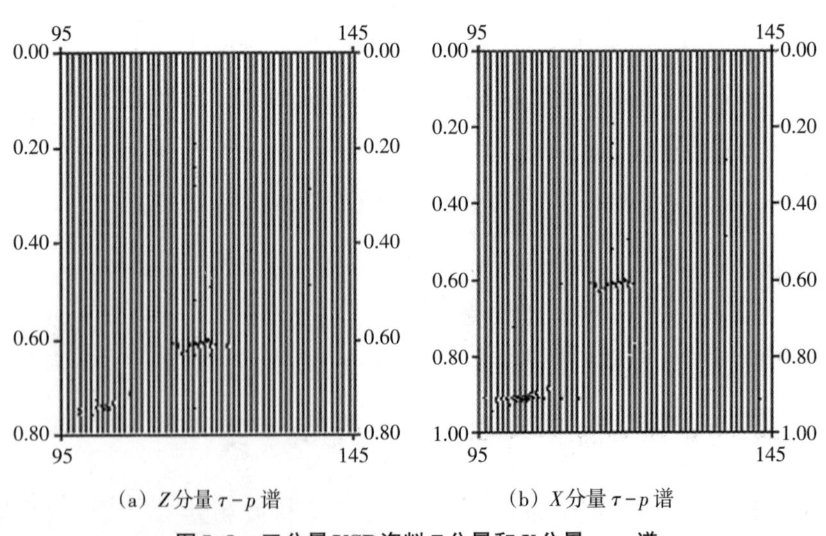

（a）Z 分量 $\tau-p$ 谱　　（b）X 分量 $\tau-p$ 谱

图5-8　三分量VSP资料 Z 分量和 X 分量 $\tau-p$ 谱

（2）根据偏振分析原理在 $\tau-p$ 域内做矢量合成，分别得到分离开的P

波、SV波的$\tau-p$谱，如图5-9所示。

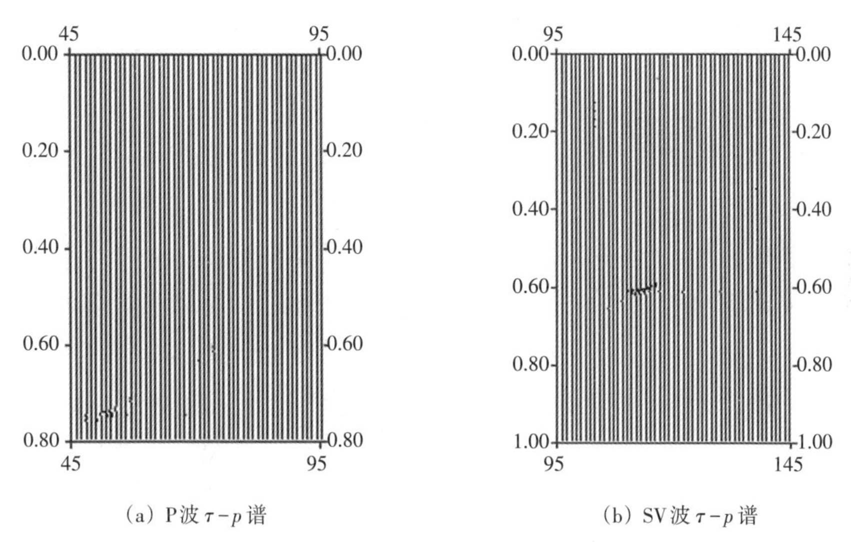

（a）P波$\tau-p$谱　　（b）SV波$\tau-p$谱

图5-9　分离后得到的P波和SV波$\tau-p$谱

（3）$\tau-p$反变换得到分离开的P波、SV波波场，如图5-10所示。

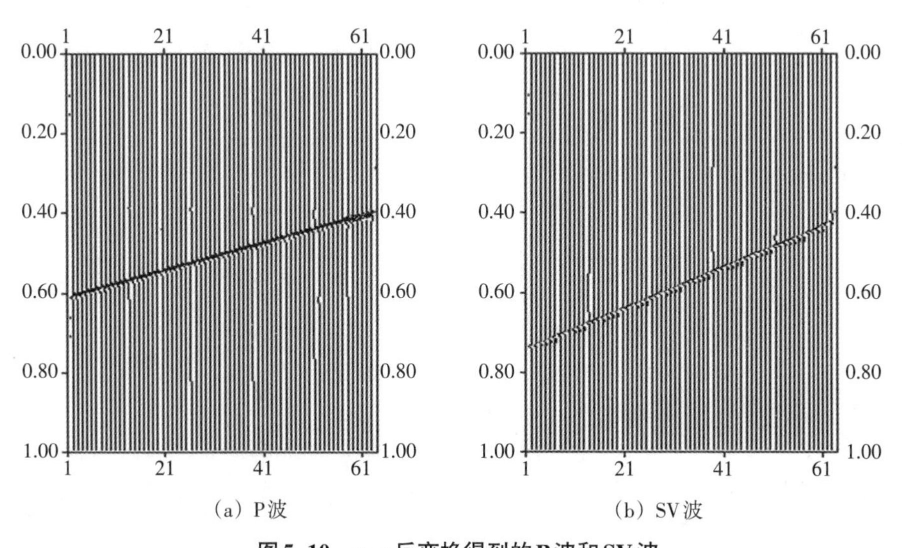

（a）P波　　（b）SV波

图5-10　$\tau-p$反变换得到的P波和SV波

5.3 斜井VSP三分量实际资料处理

下面是歧口18-2油田P6井VSP单炮三分量资料。歧口18-2油田P6井位于渤海西部海域，东北距歧口18-1平台约6.3 km，西南距歧口17-3平台约10.5 km，西北距塘沽约43 km，属于渤西油田群。岐口18-2构造位于歧南断裂带，海四断层的下降盘，而P6井位于该构造的中块。中块构造特征为东高西低、南高北低，地层倾角范围为3.5°~8°，各层近平行。VSP资料采用30级三分量检波器接收，井口坐标为（-0.002，0.002，0），检波点斜深1589~2075 m，检波点斜深间距为17 m，检波器Z分量方向沿着井轨迹方向，井的方位如图5-11所示。本节选取第21528和21584炮三分量记录做三分量定向和波场分离处理。

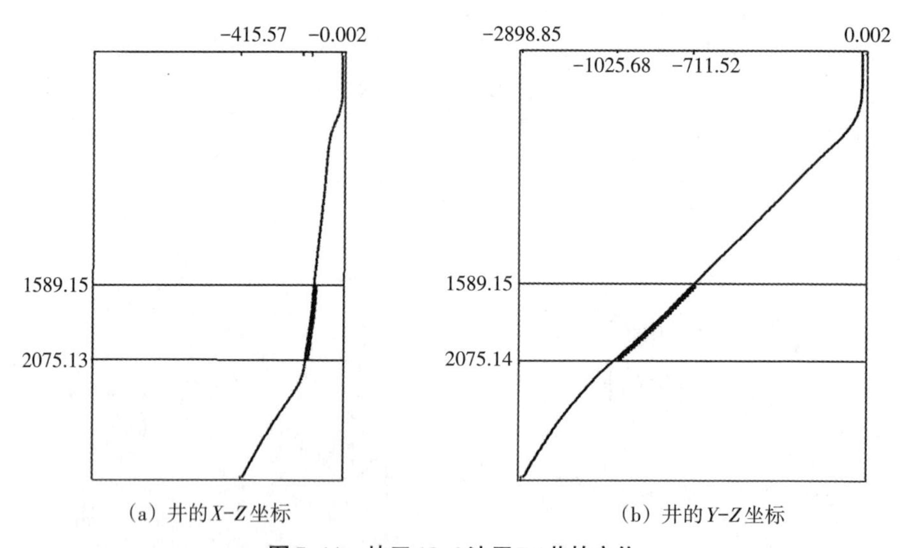

（a）井的X-Z坐标　　（b）井的Y-Z坐标

图5-11　歧口18-2油田P6井的方位

5.3.1 第21528炮VSP三分量地震记录处理

图5-12（a）至图5-12（c）左侧的记录分别为VSP三分量原始资料，图5-12（a）至图5-12（c）右侧的地震记录为旋转定向后的VSP三分量资料（分别按原始振幅显示）；图5-13（a）至图5-13（c）为三分量旋转定向后经自动增益控制、道均衡后的显示。

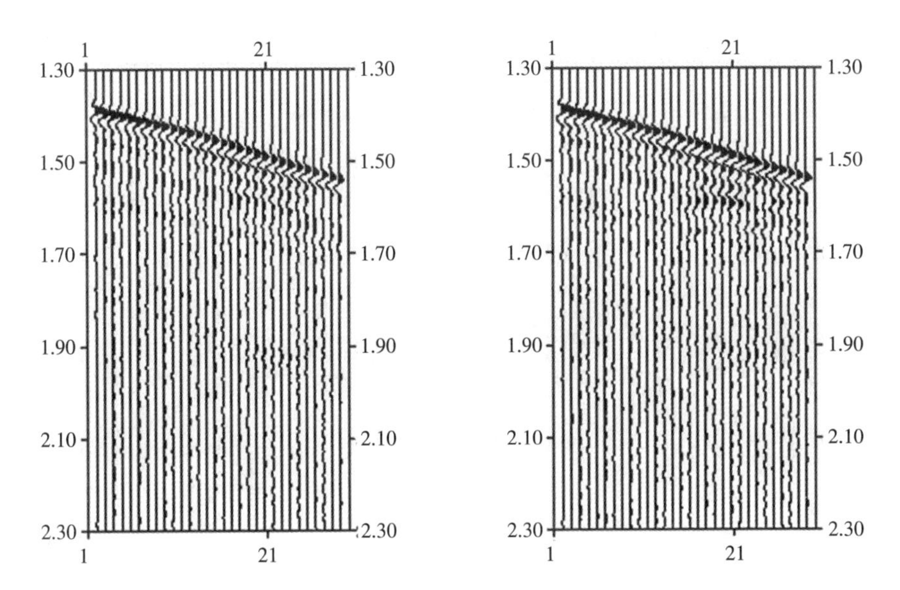

（a）Z分量原始记录、坐标旋转定向后c_v记录（按原始振幅显示）

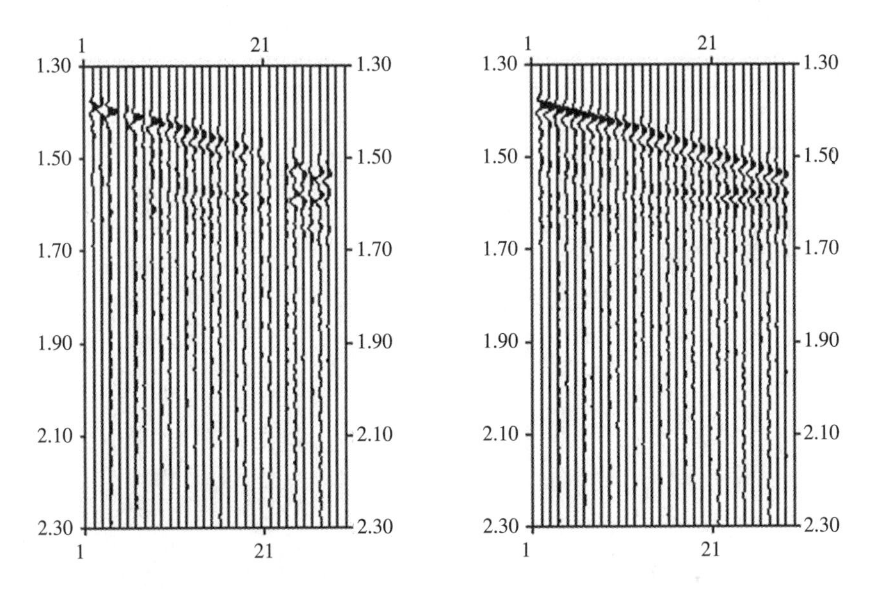

（b）X分量原始记录、坐标旋转定向后c_r记录（按原始振幅显示）

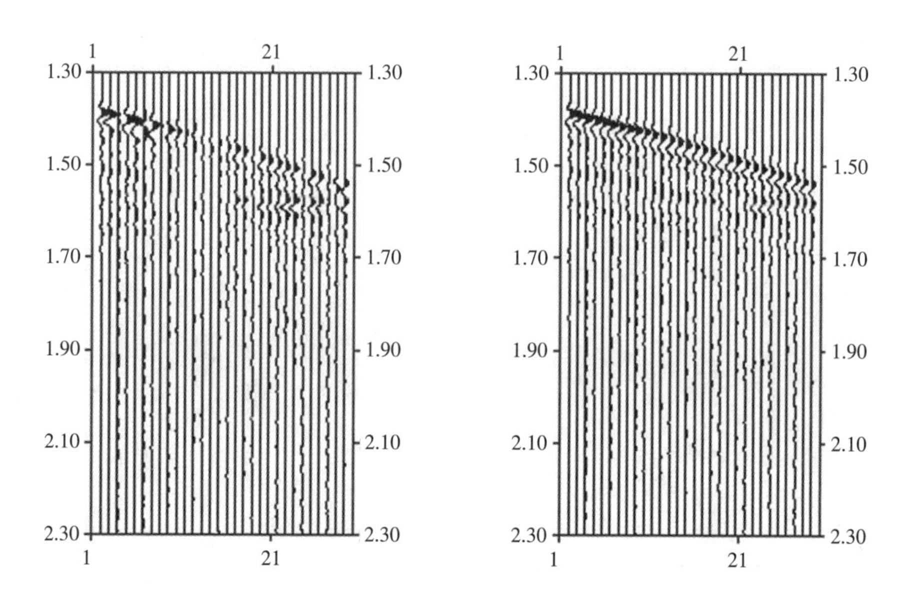

（c）Y分量原始记录、坐标旋转定向后c_t记录（按原始振幅显示）

图5-12　VSP三分量原始资料及旋转定向后的三分量资料

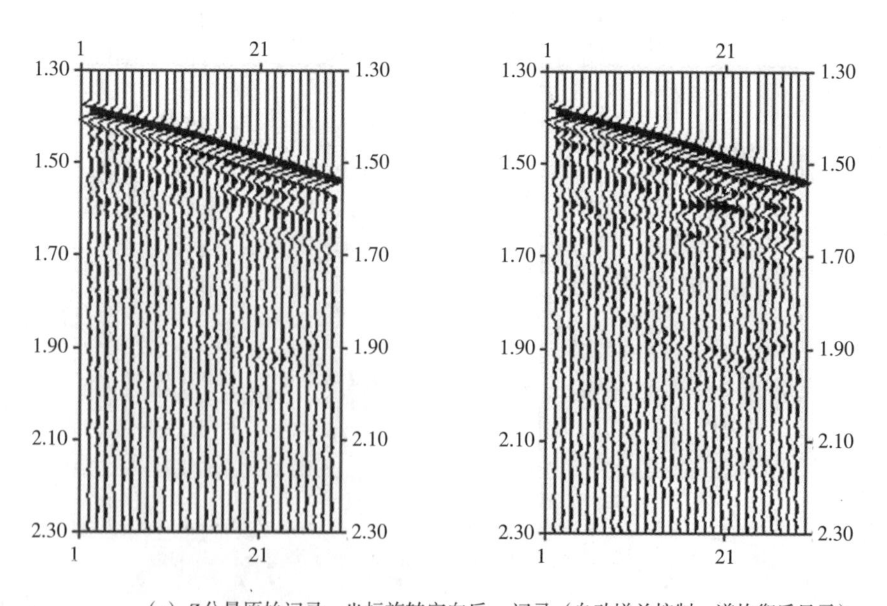

（a）Z分量原始记录、坐标旋转定向后c_v记录（自动增益控制、道均衡后显示）

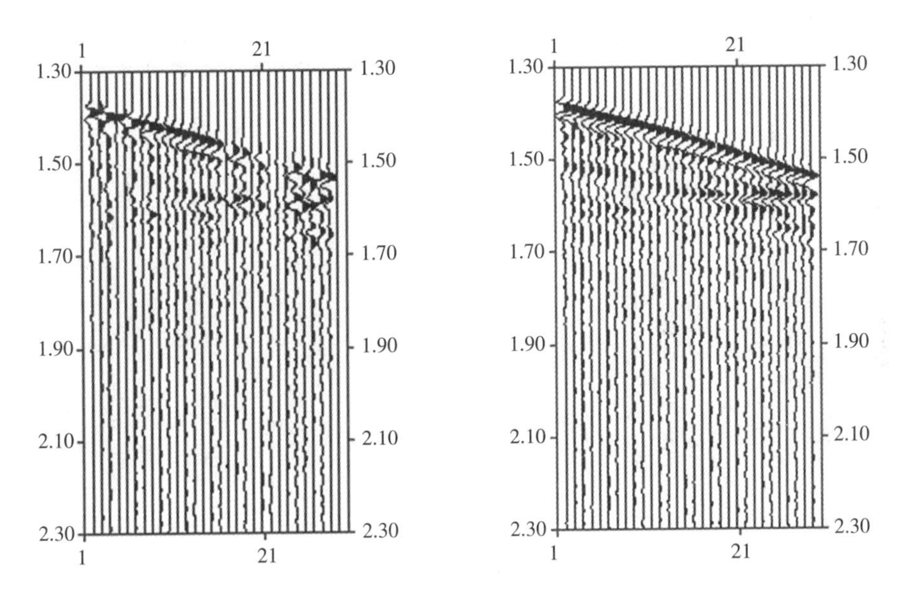

（b）X分量原始记录、坐标旋转定向后 c_r 记录（自动增益控制、道均衡后显示）

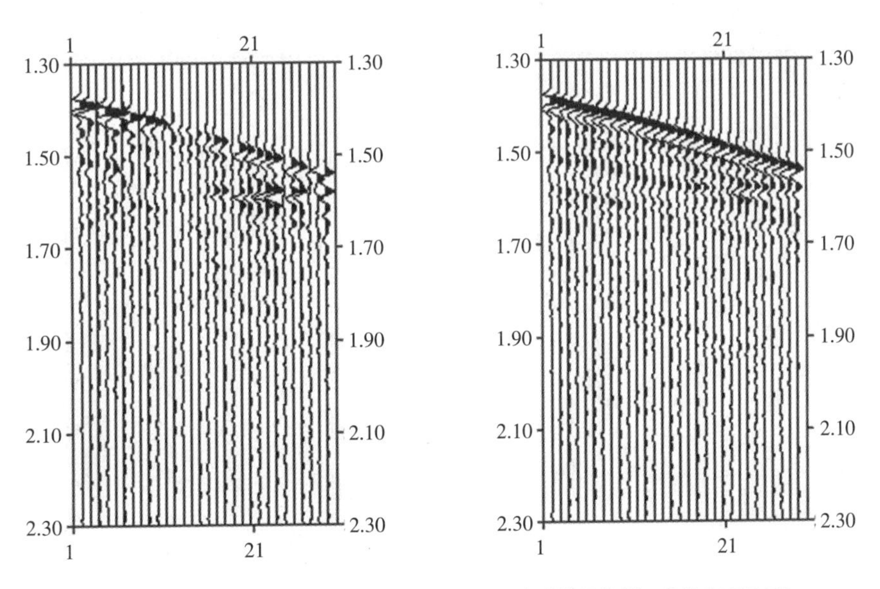

（c）Y分量原始记录、坐标旋转定向后 c_t 记录（自动增益控制、道均衡后显示）

图5-13 三分量旋转定向后经自动增益控制、道均衡后的显示

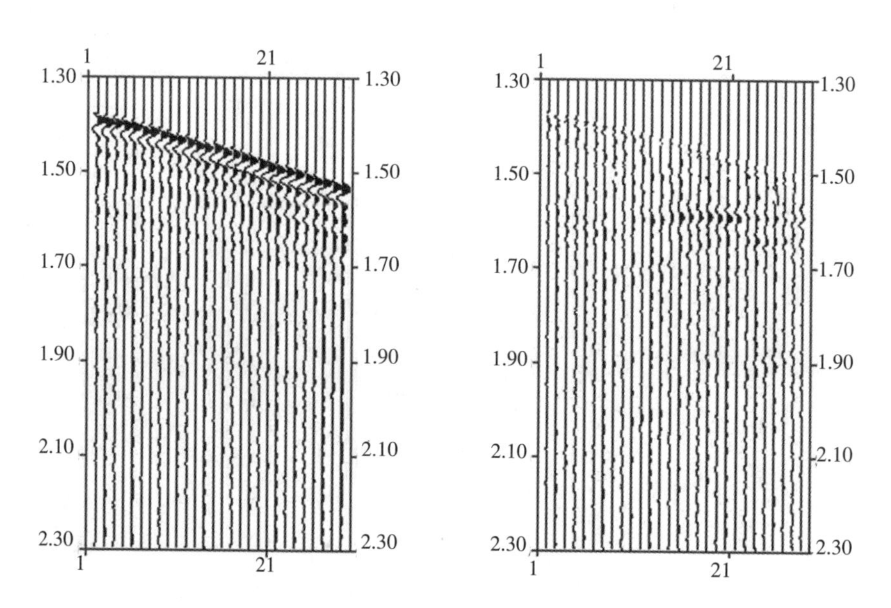

(a) 对c_v分量进行上行波场、下行波场分离

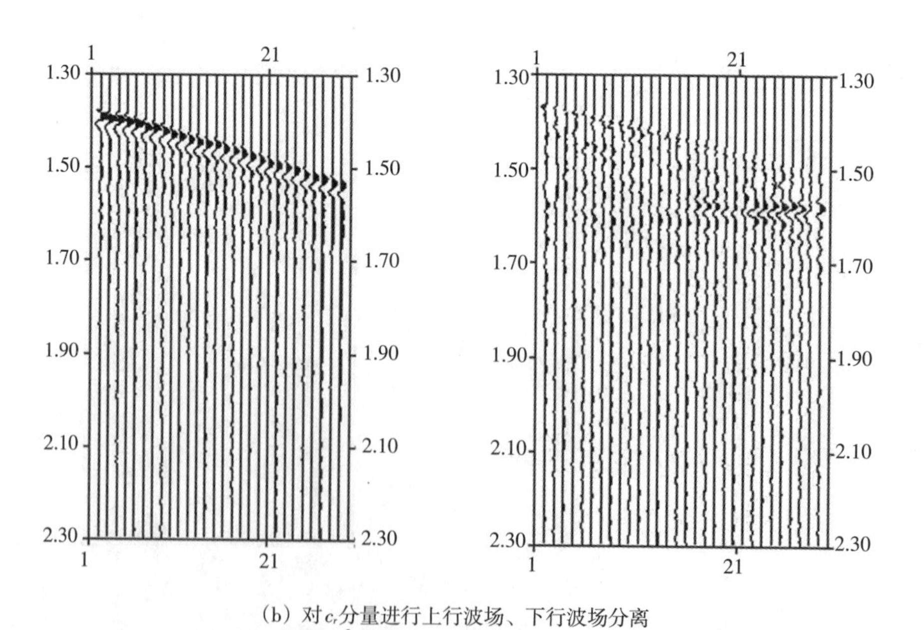

(b) 对c_r分量进行上行波场、下行波场分离

图5-14 对c_v和c_r分量进行上行波场、下行波场分离

5.3.2　第21584炮VSP三分量地震记录处理

图5-15（a）至图5-15（c）分别为VSP三分量原始资料（分别按原始振幅显示）。图5-16（a）与图5-16（b）为旋转之后的c_v和c_r分量上行波场、下行波场分离。

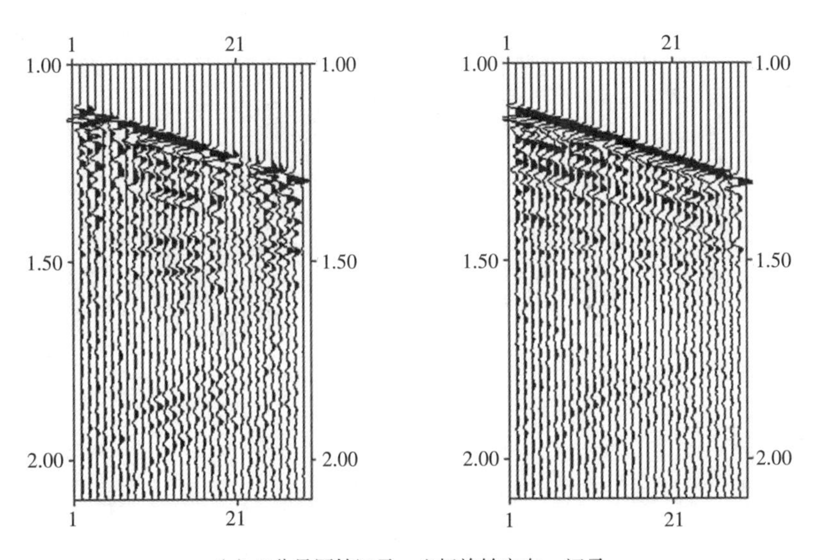

（a）X分量原始记录、坐标旋转定向c_r记录

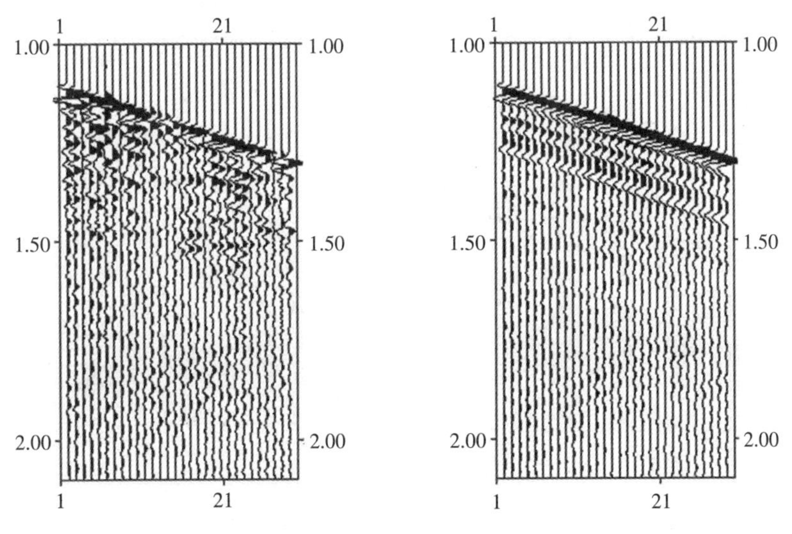

（b）Y分量原始记录、坐标旋转定向c_t记录

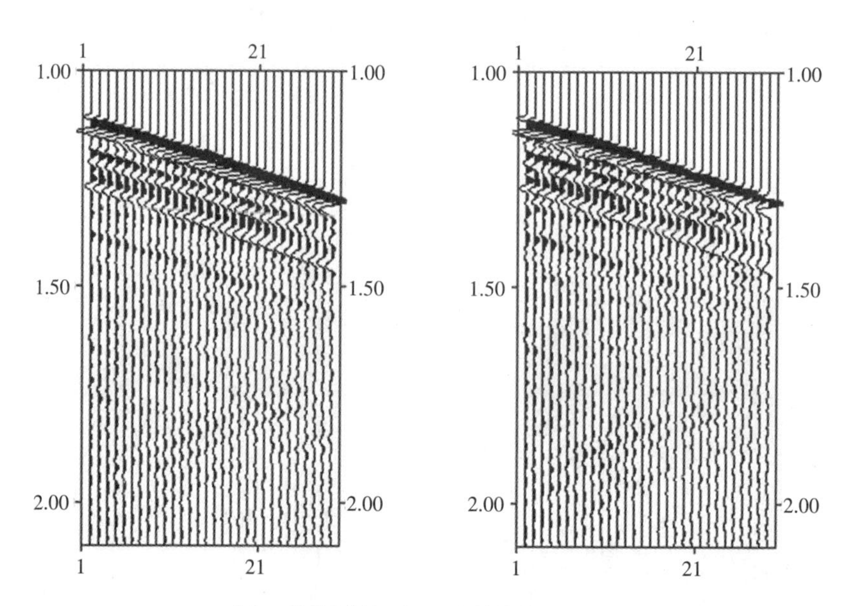

（c）Z分量原始记录、坐标旋转定向 c_v 记录

图5-15　VSP三分量原始资料

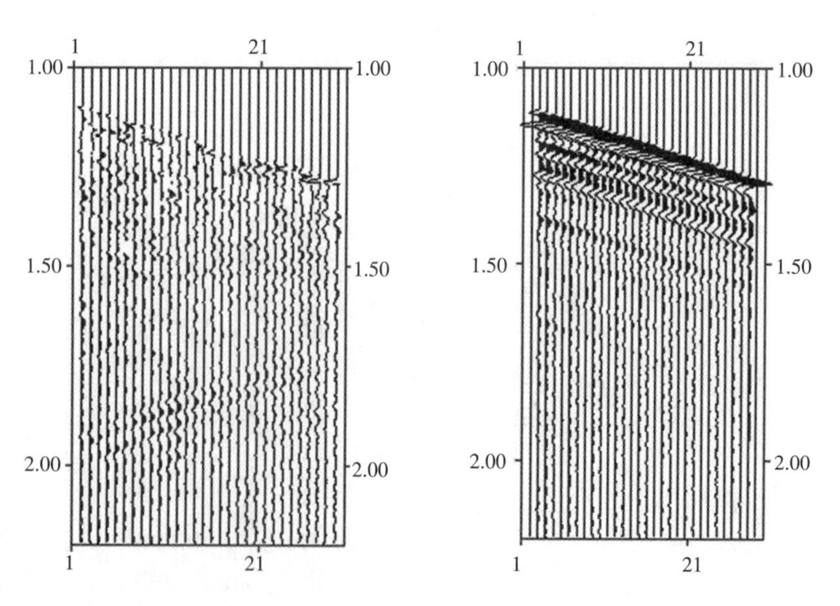

（a）对 c_v 分量进行上行波场、下行波场分离

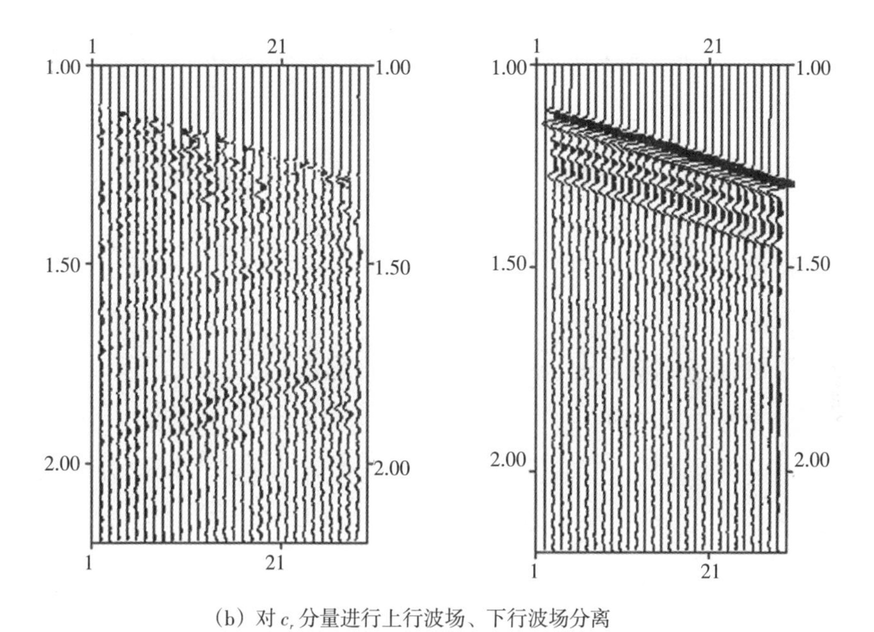

（b）对 c_r 分量进行上行波场、下行波场分离

图5-16　对c_v，c_r分量进行上行波场、下行波场分离

第6章　3D-VSP射线正演理论及方法

针对目前斜井3D-VSP勘探中的若干问题，研究在复杂层状介质斜井3D-VSP多波射线正演模拟；通过对水平层状介质模型、倾斜层状介质模型和任意起伏层状介质模型的正演模拟，验证逐段迭代射线正演方法在斜井3D-VSP射线正演中的应用效果；通过射线路径和AVA能量特征来分析该方法在3D-VSP射线正演中的可行性和有效性。3D-VSP射线法以其概念明确、显示直观、运算简便、适应性强等优点被广泛应用。但其应用有一定限制条件，而且计算结果是在一定程度上的近似。3D-VSP射线法是一种经典的地震波研究方法，一直处于不断发展之中，它从最初纯粹研究地震波运动学特征发展到现在研究地震波动力学特征。

6.1　射线正演的基本方程

3D-VSP射线理论在很多方面都有应用，合成地震记录只是其中的一个方面。在各种合成VSP记录方法中，基于射线理论的方法目前应用比较广泛。一般来说，有两类VSP射线追踪方法：一类是只考虑运动学特征的几何射线追踪，另一类是考虑运动学与动力学特征的渐进射线追踪。几何射线追踪只确定地震波的射线路径，计算波沿射线传播的时间，渐进射线追踪还要确定波的振幅、相位、波形及质点振动方向等其他动力学特征。

6.1.1　射线级数

非均匀完全弹性各向同性介质中弹性波的运动方程可写成：

$$\rho\frac{\partial^2 \boldsymbol{W}}{\partial t^2}=(\lambda+\mu)\nabla(\nabla\cdot\boldsymbol{W})+\mu\nabla^2\cdot\boldsymbol{W}+\nabla\lambda(\nabla\cdot\boldsymbol{W})+\nabla\mu\times(\nabla\cdot\boldsymbol{W})+2(\nabla\mu\cdot\nabla)\boldsymbol{W} \quad (6\text{-}1)$$

式中：ρ——介质密度；

λ，μ——拉梅弹性常数；

H——波函数，代表地震波的各种物理特征量（如位移等），是一个矢量；

∇——哈密顿算子，可写成如下形式：

$$\begin{cases}\nabla = \boldsymbol{i}\dfrac{\partial}{\partial x}+\boldsymbol{j}\dfrac{\partial}{\partial y}+\boldsymbol{k}\dfrac{\partial}{\partial z}\\ \nabla\mu = \boldsymbol{i}\dfrac{\partial\mu}{\partial x}+\boldsymbol{j}\dfrac{\partial\mu}{\partial y}+\boldsymbol{k}\dfrac{\partial\mu}{\partial z}\\ \nabla\cdot W = \boldsymbol{i}\dfrac{\partial W_x}{\partial x}+\boldsymbol{j}\dfrac{\partial W_y}{\partial y}+\boldsymbol{k}\dfrac{\partial W_z}{\partial z}\end{cases}$$

可简化为

$$\nabla\times\boldsymbol{W}=\begin{vmatrix}\boldsymbol{i} & \boldsymbol{j} & \boldsymbol{k}\\ \dfrac{\partial}{\partial x} & \dfrac{\partial}{\partial y} & \dfrac{\partial}{\partial z}\\ W_x & W_y & W_z\end{vmatrix}$$

假设运动方程时间简谐函数解可用 ω 的负幂表示为

$$\boldsymbol{W}=\exp\left(\mathrm{j}\omega(t-\tau)\right)\sum_{k=0}^{\infty}(\mathrm{j}\omega)^{-k}\boldsymbol{W}_k \tag{6-2}$$

式中：ω——谐波频率；

τ——相位函数，地震波真正传播到介质中某点的时间，$t=\tau(x,\ y,\ z)$ 表示等相位面，即波阵面，它表示地震波到达时间相同介质空间各点的集合；

$\boldsymbol{W}_k$——k 阶射线级数的振幅系数。式（6-2）即构成射线级数，可用它近似甚至非常近似地表示式（6-1）的解。其中，τ 为地震波的相位函数，W_k（$k=0$，1，2，…）为振幅系数。

将弹性波动方程的解表示成射线级数在数学上是不严格的，所以式（6-2）又称渐进展式，在射线级数展开的基础上寻求弹性波动方程渐进解的射线理论又称渐进射线理论。简单地说，渐进展式成立的条件就是 $\tau(x,\ y,\ z)$ 必须解析，因为在确定射线级数振幅系数的过程中，必须求 τ 的导数。在地震学和地震勘探中，通常都可以认为上述射线级数解是成立的。

另外，射线级数方法的运用还有一个限制条件，那就是该方法只有在高频条件下才成立，即要求介质的速度梯度比频率小得多，因此这种射线级数方法又称为高频近似方法。它只适用于高频；对于低频，则应考虑选用其他方法。大多数情况下，运用射线级数方法时只需要采用保留级数第一项的解即可，即

$$\boldsymbol{W}=\exp\left(\mathrm{j}\omega(t-\tau)\right)W_0 \tag{6-3}$$

式（6–3）中，W_0与ω，t无关。式（6–3）又称为零阶近似式。一般来说，零阶近似已经能够足够好地描述体波最重要的运动学和动力学特征。

6.1.2 基本方程组

为了求得相位函数τ，首先要推导出射线理论的基本方程组。假设λ，μ，ρ及其导数连续并且τ是解析函数且$\nabla\tau\neq 0$，$W_0\neq 0$，将射线级数展式代入弹性波动方程得到：

$$\sum_{k=0}^{\infty}(\mathrm{j}\omega)^{-k}\left[(\mathrm{j}\omega)^2\boldsymbol{N}\boldsymbol{W}_k-\mathrm{j}\omega\boldsymbol{M}\boldsymbol{W}_k+\boldsymbol{L}\boldsymbol{W}_k\right]=0 \tag{6-4}$$

式（6–4）中，N，M，L都是关于λ，μ，ρ，τ和W_k的关系式，考虑到实际需要，写出N的关系表达式如下：

$$\boldsymbol{N}(\boldsymbol{W}_k)=-\rho\boldsymbol{W}_k+(\lambda+\mu)(\boldsymbol{W}_k\cdot\nabla\tau)+\mu(\nabla\tau)^2\boldsymbol{W}_k \tag{6-5}$$

将式（6–4）展开按ω同次幂相加，经整理得如下递推偏微分方程组：

$$\begin{cases}\boldsymbol{N}(\boldsymbol{W}_0)=0\\ \boldsymbol{N}(\boldsymbol{W}_1)-\boldsymbol{N}(\boldsymbol{W}_0)=0\\ \boldsymbol{N}(\boldsymbol{W}_k)-\boldsymbol{N}(\boldsymbol{W}_{k-1})+\boldsymbol{L}(\boldsymbol{W}_{k-2})=0\ \ (k\geqslant 2)\end{cases} \tag{6-6}$$

由此递推公式即可求得相位函数τ，式（6–6）即构成射线理论的基本方程组。下面从射线理论基本方程组出发，讨论求取相位函数τ的方法。

6.2　程函方程与旅行时$\tau(S)$

6.2.1　程函方程

对于基本方程组（6–6）的第一个公式，根据N的关系表达式（6–5）代入得到：

$$N(W_0)=-\rho W_0+(\lambda+\mu)(W_0\cdot\nabla\tau)\nabla\tau+\mu(\nabla\tau)^2W_0 \tag{6-7}$$

分别取$N(W_0)$与$\nabla\tau$的点积与叉积运算可得到如下结果：

$$\left[-\rho+(\lambda+2\mu)(\nabla\tau)^2\right](W_0\times\nabla\tau)=0 \tag{6-8}$$

$$\left[-\rho+\mu(\nabla\tau)^2\right](W_0\times\nabla\tau)=0 \tag{6-9}$$

因为$\nabla\tau\neq0$，$W_0\neq0$，所以$W_0\cdot\nabla\tau$和$W_0\times\nabla\tau$这两个积中只有一个可以为零；又因为表达式$-\rho+(\lambda+2\mu)(\nabla\tau)^2$和$-\rho+\mu(\nabla\tau)^2$不能同时为零，所以$W_0\cdot\nabla\tau$和$W_0\times\nabla\tau$这两个积中必然有一个为零。因此上述两式有两组解：

$$\begin{cases}-\rho+(\lambda+2\mu)(\nabla\tau)^2=0\\ W_0\times\nabla\tau=0\ (W_0\times\nabla\tau\neq0)\end{cases} \tag{6-10}$$

$$\begin{cases}-\rho+\mu(\nabla\tau)^2=0\\ W_0\cdot\nabla\tau=0\ (W_0\times\nabla\tau\neq0)\end{cases} \tag{6-11}$$

这说明非均匀介质中存在着两组波前序列，它们对应两类波。经过简单数学运算，上述两式可改写为

$$\begin{cases}(\nabla\tau)^2=1/V_p^2\\ V_p=\left[(\lambda+2\mu)/\rho\right]^{1/2}\end{cases} \tag{6-12}$$

$$\begin{cases}(\nabla\tau)^2=1/V_s^2\\ V_s=\left[\mu/\rho\right]^{1/2}\end{cases} \tag{6-13}$$

式（6–12）与（6–13）即为程函方程。式（6–12）描述纵波P波传播的运动学特征，V_p是P波速度，即纵波速度；式（6–13）描述横波S波传播的运动学特征，V_s是S波速度，即横波速度。程函方程是求解波的运动学问题的基本

方程，可以确定波前、射线、旅行时等波的运动学特征。

需特别说明的是，只有在均匀各向同性无限介质中，弹性波的运动方程才能完全分解成两种不同波（P波和S波）方程，且两者不互相耦合。在非均匀介质中，运动方程不能完全分解成两种波（P波和S波）方程，两种波将互相耦合。但是在高频近似条件下，如果λ，μ，ρ及其导数连续，在不均匀介质中仍然可以近似认为存在着两组独立的波前：一组类似于均匀介质中的P波，按照局部速度V_p传播；而另一组类似于均匀介质中的S波，按照局部速度V_s传播。

6.2.2 计算旅行时$\tau(S)$

利用程函方程，可以计算地下介质中任意点波的旅行时，引入S作为沿射线的弧长（约定沿射线传播方向为正）。因为射线与波前$t=(x, y, z)$是互相正交的，所以由程函方程可得：

$$\frac{d\tau}{dS}=\frac{1}{V} \text{ 或 } d\tau=\frac{dS}{V} \tag{6-14}$$

式中：$\frac{d\tau}{dS}$——τ沿射线的方向导数；

V——沿射线的P波速度或者S波速度。

对τ沿弧长S积分得到：

$$\tau(S)=\tau(S_0)+\int_{S_0}^{S}\frac{dS}{V} \tag{6-15}$$

若给定S_0点的初始值$\tau(S_0)$，则由此式可求出弧长为S点上的$\tau(S)$，式（6-15）即为计算波的旅行时公式。

注意：积分是沿着射线路径进行的，可利用程函方程求得射线方程，从而确定出射线路径，进而计算波沿射线的旅行时。

6.3 两点射线追踪法简介

两点射线追踪是根据已知射线激发点和接收点的位置，在射线出射方向未知情况下求解两点之间的射线路径问题。用射线理论制作斜井3D-VSP模型，不论是零偏移距还是非零偏移距，其本质都是两点射线追踪问题。由射线理论可知：波在介质中传播满足斯涅尔定律、费马原理（Fermat's Principle）和惠更斯原理，所有射线追踪方法基本上都围绕这三个基本原理展开，而这些射线追踪方法全都围绕射线路径和射线走时计算而展开。这些方法大致可分为试射法、弯曲法和迭代法三大类。

试射法又称打靶法，是最早提出且使用最广泛的一种射线追踪方法。其射线追踪过程是：在激发点给定一系列射线参数初始值，然后根据斯涅尔定律依次进行追踪，在接收点附近选择最接近的两条射线，通过内插与调整初始射线参数值，再经过多次的调整修改可获得满意的结果。这种方法最大的优点是实现射线避开盲区的精确追踪，在相对简单的模型结构中迭代收敛较快。在复杂结构中收敛较慢且比较耗时是该方法的不足之处。

弯曲法是将模型进行网格化，从震源位置开始，沿波场传播方向，按网格节点次序逐点计算旅行时。网格旅行时计算可用差分程函方程方法或根据惠更斯原理的波前方法等手段求解，然后由费马原理从接收点按走时最小原则逐个节点比较找回到震源点，即得到最小走时射线。弯曲法充分体现了地震波的波动特点，适应速度变化的介质，但这类方法存在以下几方面不足：

（1）不能满足非常复杂的地质结构，因为模型网格化是一种近似，这对复杂结构描述有一定的局限性。

（2）射线路径是用网格节点的连线来近似（有些方法通过插值处理），但是其近似程度取决于网格的大小。网格太大，近似程度低，达不到精度要求；网格太小，增加了计算量。

（3）按费马原理搜索射线路径，有可能搜索不到最短射线路径，找不到最优解；当存在多条射线路径满足要求时，判断较困难。此外，还不能排除射线盲区。

（4）计算机时间和内存消耗量大，不利于交互计算。

迭代法是根据模型结构，即已知界面函数和介质速度建立旅行时方程，根据费马原理对所有未知参数求偏导并使其最小，然后用泰勒展开形成方程组，通过不断迭代计算使迭代误差收敛到最小。迭代法将射线追踪过程转变成给定初值的迭代问题，该方法使得射线追踪过程在形式上得到简化，收敛速度较快。但这种方法仍有以下不足之处：

（1）收敛速度与初始射线路径有关，初始射线路径越接近真实射线路径，收敛的速度越快，反之速度越慢。

（2）仅适应层状结构模型和速度均匀介质；对于复杂介质，要结合其他的方法才能完成。

（3）解决多条射线路径存在一定困难。

6.3.1 VSP试射线追踪方法简介

试射线追踪方法是最早提出来的一种射线追踪方法，在实际中应用最广泛、最常见。试射线追踪就是指定震源激发点的位置，当给定一个初始射线角度，射线就沿指定的方向在已知的模型结构中进行传播，遇到界面发生透射或反射最终到达地面，从而获得一条完整的射线路径。从数学上看，试射线追踪方法是一个给定初值条件的定解方法，初值条件是震源激发点的位置和初始射线方向（初始角度）。当地质模型建立后，射线从震源点沿初始射线方向在介质中传播，当遇到中间界面时，射线依据斯涅尔定律透射到新的介质中，当遇到目标界面时，射线遵循斯涅尔定律进行反射，最终到达地表。射线在地表的出射点往往并不在接收点，要获得接收点的射线路径，需要通过不断修改初始射线参数、多次重复试射线追踪，所以也有人形象地把这种方法叫引靶法。

三维试射法与二维试射法有所不同，具体表现为：二维射线是在一个平面内传播，射线方向用一个方位角（即与z坐标轴夹角）就可描述；而三维射线是在一个三维空间中传播，射线方向必须用两个方位角才能够描述（即与z坐标轴夹角及在xy面的方位角），角度关系如图6-1所示。

三维射线两点追踪是在单条射线追踪计算的基础上进行的。首先给出一组针对目标区射线初始角度（θ，φ），θ为在垂直平面内射线与z坐标轴的夹角，φ为射线投影到xy水平面上与x坐标轴的夹角。通过试射线追踪，在地面的接收区域形成出射点分布，然后根据接收点的坐标，搜索最近的初始射线出射点，通过内插修正射线的出射角度，逐渐收敛到接收点，最终获得接收点的射线路径。

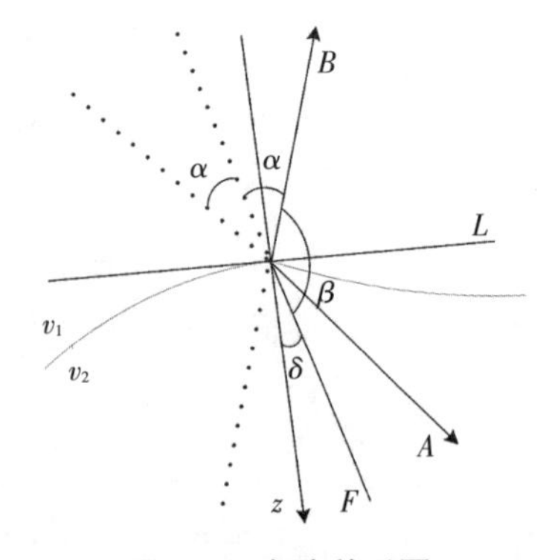

图6-1 角度关系图

6.3.2 VSP逐步迭代射线追踪方法

逐步迭代射线追踪方法是根据费马原理发展的一类射线追踪方法。该方法采用分段迭代思路，将射线旅行时方程用泰勒展开式展开，并忽略二阶项取一阶近似，这样既满足了射线追踪的精度要求，又使其在计算中只包含加、减、乘、除运算，从而提高计算的速度。

射线路径可以分为透射波射线和反射波射线，因此也可以将射线方程分为透射波射线方程和反射波射线方程两种情况进行考虑。图6–2为三维模型的透射波射线局部图，假定射线从界面$f_1(x, y)$的$P_1(x_1, y_1, z_1)$点经过界面$f_2(x, y)$到达界面$f_3(x, y)$的$P_3(x_3, y_3, z_3)$，射线在界面$f_2(x, y)$的交点为$P_2(x, y, z)$，其交点坐标的z分量由界面函数决定，即$z_1=f_1(x_1, y_1)$，$z=f_2(x, y)$，$z_3=f_3(x_3, y_3)$。因此，透射线的旅行时方程可表示为

$$t=\frac{\sqrt{(x_1-x)^2+(y_1-y)^2+(z_1-z)^2}}{v_1}+\frac{\sqrt{(x-x_3)^2+(y-y_3)^2+(z-z_3)^2}}{v_2} \tag{6-16}$$

式中：t——透射波的旅行时；

v_1，v_2——$f_2(x, y)$界面上、下介质的速度。

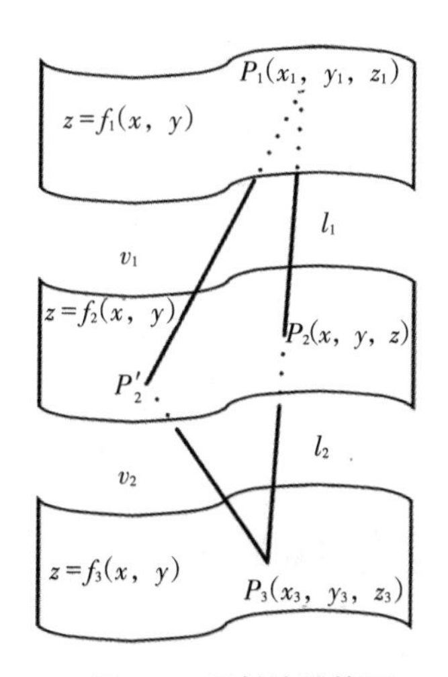

图6–2　透射波计算图

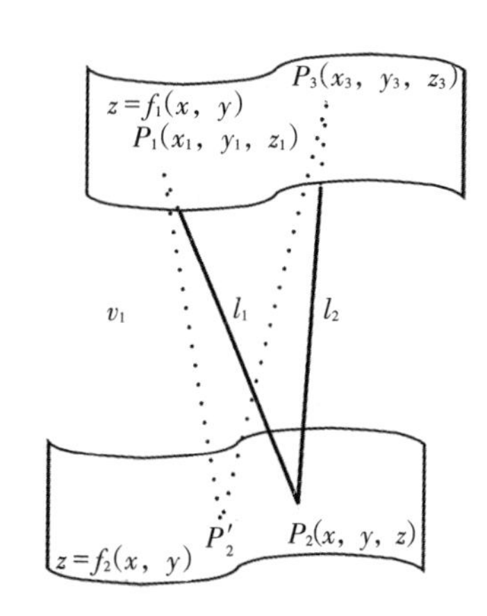

图6–3　反射波计算图

对于反射射线情况，如图6–3所示：射线从界面$f_1(x, y)$的$P_1(x_1, y_1, z_1)$点经过界面$f_2(x, y)$的反射点$P_2(x, y, z)$到达界面$f_1(x, y)$的点$P_3(x_3,$

y_3, z_3)，其中， $z_1=f_1(x_1, y_1)$, $z=f_2(x, y)$, $z_3=f_3(x_3, y_3)$，反射线的旅行时方程可表示为

$$t=\frac{\sqrt{(x_1-x)^2+(y_1-y)^2+(z_1-z)^2}}{v_1}+\frac{\sqrt{(x-x_3)^2+(y-y_3)^2+(z-z_3)^2}}{v_1} \quad (6\text{–}17)$$

式中：t——透射波的旅行时；

v_1——界面 $f_2(x, y)$ 以上覆介质的速度。

式（6–16）和式（6–17）分别表示三维射线的透射波射线和反射波射线的旅行时方程。通过比较两式可见，两者的结构和形式完全相同，当 $v_1=v_2$ 时，两者相等。因此，可将反射波射线旅行时方程作为透射波射线旅行时方程的特殊情况来考虑。

下面以透射线旅行时方程为例，讨论射线分段迭代的近似公式。对于透射线旅行时方程式（6–16），点 $P_2(x, y, z)$ 坐标为未知参数，其他都为已知。根据费马原理，波沿最小时间路径传播，即旅行时对空间坐标的偏微分为0，即

$$\begin{cases}\dfrac{\partial t}{\partial x}=0\\[2ex]\dfrac{\partial t}{\partial y}=0\end{cases} \quad (6\text{–}18)$$

将式（6–16）代入式（6–18）可推导出：

$$\frac{\partial t}{\partial x}=\frac{(x_1-x)+(z_1-z)z_x}{v_1l_1}+\frac{(x_3-x)+(z_3-z)z_x}{v_2l_2}=0 \quad (6\text{–}19)$$

$$\frac{\partial t}{\partial y}=\frac{(y_1-y)+(z_1-z)z_y}{v_1l_1}+\frac{(y_3-y)+(z_3-z)z_y}{v_2l_2}=0 \quad (6\text{–}20)$$

其中，

$$\left.\begin{aligned}l_1&=\sqrt{(x_1-x)^2+(y_1-y)^2+(z_1-z)^2}\\l_2&=\sqrt{(x_3-x)^2+(y_3-y)^2+(z_3-z)^2}\end{aligned}\right\} \quad (6\text{–}21)$$

为求解透射射线与地层的交点 $P_2(x, y, z)$ 的坐标，设其初始坐标值为 $P_2(x_2, y_2, z_2)$，用泰勒级数将式（6–19）和式（6–20）展开，并取一阶近似，求得在给定初始坐标 P_2 处的修正量 Δx 和 Δy，将 $P_2(x_2, y_2, z_2)$ 修正到 $P_2[x_2+$

Δx，$y_2+\Delta y$，$f_2(x_2+\Delta x，y_2+\Delta y)$]，获得该点第一次近似计算的坐标，再以 P_2' 点为该点新的初始坐标值，继续进行第二次计算，重复这个过程直到获得满足精度要求的解为止。这就是迭代求解的核心，下面推导近似计算公式。

将式（6–19）和式（6–20）用泰勒展开式展开，并取一阶近似，则有：

$$\left.\begin{aligned}
&x=x_2+\Delta x,\ y=y_2+\Delta y\\
&z=f_2(x,\ y)=f_2(x_2,y_2)+\frac{\partial f_2(x_2,y_2)}{\partial x}\Delta x+\frac{\partial f_2(x_2,y_2)}{\partial y}\Delta y\\
&z_x'=\frac{\partial f_2(x,\ y)}{\partial x}=\frac{\partial f_2(x_2,y_2)}{\partial x}+\frac{\partial^2 f_2(x_2,y_2)}{\partial x^2}\Delta x+\frac{\partial^2 f_2(x_2,y_2)}{\partial x\partial y}\Delta y\\
&z_y'=\frac{\partial f_2(x,y)}{\partial y}=\frac{\partial f_2(x_2,y_2)}{\partial y}+\frac{\partial^2 f_2(x_2,y_2)}{\partial x\partial y}\Delta x+\frac{\partial^2 f_2(x_2,y_2)}{\partial y^2}\Delta y\\
&l_1=l_1(x_2,y_2)+\frac{\partial l_1(x_2\ y_2)}{\partial x}\Delta x+\frac{\partial l_1(x_2,y_2)}{\partial y}\Delta y\\
&l_2=l_2(x_2,y_2)+\frac{\partial l_2(x_2,y_2)}{\partial x}\Delta x+\frac{\partial l_2(x_2,y_2)}{\partial y}\Delta y
\end{aligned}\right\}\qquad(6\text{–}22)$$

将式（6–22）代入式（6–19）和式（6–20）中，并忽略二次项，得到修正量 Δx 和 Δy 的最终计算方程式：

$$\left.\begin{aligned}
\Delta x&=\frac{r_1q_1-r_2q_2}{p_1q_2-p_2q_1}\\
\Delta y&=\frac{r_2p_1-r_1p_2}{p_1q_2-p_2q_1}
\end{aligned}\right\}\qquad(6\text{–}23)$$

式（6–23）中：

$$\left.\begin{aligned}
&r_1=-l_1l_2(v_2l_2c_3+v_1l_1c_4)\\
&r_2=-l_1l_2(v_2l_2c_1+v_1l_1c_2)\\
&p_1=l_1l_2(v_2l_2e_1+v_1l_1e_2)+c_2c_3v_2l_1+c_1c_4v_1l_2\\
&p_2=l_1l_2(v_2l_2d_1+v_1l_1d_2)+c_1c_2v_2l_1+c_1c_2v_1l_2\\
&q_1=l_1l_2(v_2l_2d_3+v_1l_1d_4)+c_3c_4v_2l_1+c_3c_4v_1l_2\\
&q_2=l_1l_2(v_2l_2e_1+v_1l_1e_2)+c_1c_4v_2l_1+c_2c_3v_1l_2
\end{aligned}\right\}\qquad(6\text{–}24)$$

其中，

$$\begin{cases} a_1 = x_2 - x_1 \\ a_2 = x_2 - x_3 \\ b_1 = z_2 - z_1 \\ b_2 = z_2 - z_3 \end{cases}, \quad \begin{cases} c_1 = a_1 + b_1 \dfrac{\partial f_2(x_2, y_2)}{\partial x} \\ c_2 = a_2 + b_2 \dfrac{\partial f_2(x_2, y_2)}{\partial x} \\ c_3 = h_1 + b_1 \dfrac{\partial f_2(x_2, y_2)}{\partial y} \\ c_4 = h_2 + b_2 \dfrac{\partial f_2(x_2, y_2)}{\partial y} \end{cases}, \quad \begin{cases} d_1 = 1 + \left(\dfrac{\partial f_2(x_2, y_2)}{\partial x}\right)^2 + b_1 \dfrac{\partial^2 f_2(x_2, y_2)}{\partial x^2} \\ d_2 = 1 + \left(\dfrac{\partial f_2(x_2, y_2)}{\partial x}\right)^2 + b_2 \dfrac{\partial^2 f_2(x_2, y_2)}{\partial x^2} \\ d_3 = 1 + \left(\dfrac{\partial f_2(x_2, y_2)}{\partial y}\right)^2 + b_1 \dfrac{\partial^2 f_2(x_2, y_2)}{\partial y^2} \\ d_4 = 1 + \left(\dfrac{\partial f_2(x_2, y_2)}{\partial y}\right)^2 + b_2 \dfrac{\partial^2 f_2(x_2, y_2)}{\partial y^2} \end{cases}$$

$$\begin{cases} h_1 = y_2 - y_1 \\ h_2 = y_2 - y_3 \\ e_1 = \dfrac{\partial f_2(x_2, y_2)}{\partial x} \cdot \dfrac{\partial f_2(x_2, y_2)}{\partial y} + b_1 \dfrac{\partial^2 f_2(x_2, y_2)}{\partial x \partial y} \\ e_2 = \dfrac{\partial f_2(x_2, y_2)}{\partial x} \cdot \dfrac{\partial f_2(x_2, y_2)}{\partial y} + b_2 \dfrac{\partial^2 f_2(x_2, y_2)}{\partial x \partial y} \end{cases}$$

式（6–23）即透射射线的计算公式。对于反射射线的迭代计算公式，推导过程相同。如图6–3所示，对于反射线，有 $v_1 = v_2$，因此在式（6–23）中，下列变量可进一步简化：

$$\left.\begin{aligned} r_1 &= -l_1 l_2 v_1 (l_2 c_3 + l_1 c_4) \\ r_2 &= -l_1 l_2 v_1 (l_2 c_1 + l_1 c_2) \\ p_1 &= l_1 l_2 v_1 (l_2 e_1 + l_1 e_2) + v_1 (c_2 c_3 l_1 + c_1 c_4 l_2) \\ p_2 &= l_1 l_2 v_1 (l_2 d_1 + l_1 d_2) + c_1 c_2 v_1 (l_1 + l_2) \\ q_1 &= l_1 l_2 v_1 (l_2 d_3 + l_1 d_4) + c_3 c_4 v_1 (l_1 + l_2) \\ q_2 &= l_1 l_2 v_1 (l_2 e_1 + l_1 e_2) + v_1 (c_1 c_4 l_1 + c_2 c_3 l_2) \end{aligned}\right\} \tag{6–25}$$

以上讨论了反射射线和透射射线的迭代计算问题。对于实际情况，射线追踪要求计算从已知的激发点到接收点的整个射线路径，这个过程既包括反射射线，也包括透射射线。因此，需要用逐段迭代追踪来实现全射线路径的计算。

如图6-4所示，用一个三维层状模型来描述迭代射线追踪的计算过程。对于给定正演模型，模型界面函数、各层的速度和密度、激发点（S）坐标、接收点（R）坐标都已知，射线与界面的交点为待求参数。在进行迭代射线追踪计算之前，首先给定初始射线路径于各地层的交点坐标 P_1，P_2 和 P_3，这样初始射线路径为 $SP_1P_2P_3R$；然后从激发点（或接收点）开始依次选择三个点，用两个端点来修正中间点的坐标，直到最后一个未知交点计算完毕。对于图6-4所示的模型来说，即先以 S 和 P_2 点为端点，用式（6-23）计算修正值，修正中间点 P_1 的坐标，获得修正后的交点 P_1'；再顺次以 P_1' 和 P_3 点为端点，用迭代公式（6-23）计算修正量修正 P_2 点，获得修正后的交点 P_2'，再用 P_2' 和 R 点修正 P_3 点，获得修正后的交点 P'_3，得到新的射线路径为 $SP_1'P_2'P_3'R$；然后看迭代误差是否满足最小范数。如果不满足，则以上次计算得到的射线路径 $SP_1'P_2'P_3'R$ 为初始路径，重复进行计算，完成第二次近似射线路径的计算，判断误差；如果满足精度要求则结束，否则继续重复上述过程，直到满足精度要求为止。

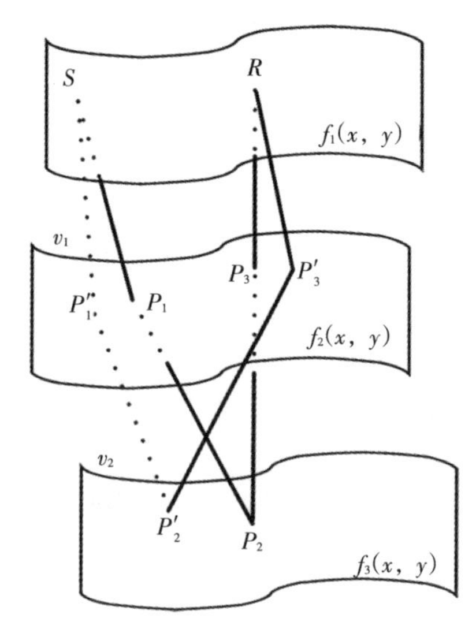

图6-4　全路径射线追踪迭代示意图

6.4　反射系数与入射角间关系

当入射波遇到弹性分界面时，会产生反射和透射，入射角、反射角及透射角的关系满足斯涅尔定律。同时，波的能量也要重新分配，这就是弹性波动方程的边界问题，即根据弹性分界面的边界条件求解弹性波动方程，确定各种波之间的能量分配关系。入射波射线、反射波射线和透射波射线之间的关系如图6-5所示。

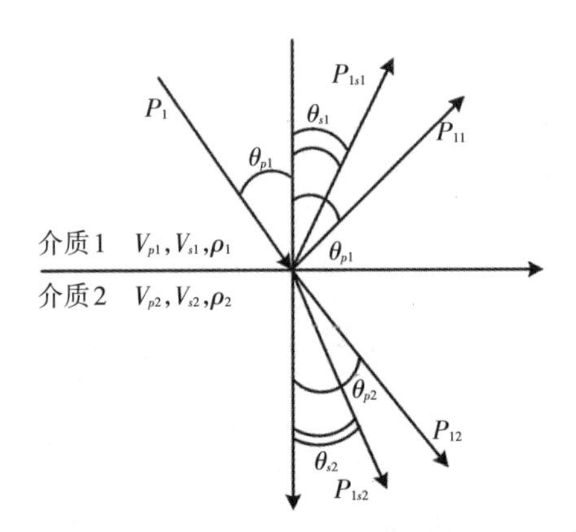

图6-5　弹性波界面散射示意图

若设反射纵波和反射横波的振幅分别为 R_{pp} 和 R_{ps}，透射纵波和透射横波的振幅分别为 T_{pp} 和 T_{ps}，根据斯涅尔定律、位移连续性及应力连续性再结合波动方程，当P波以角 θ_{p1} 入射时，可推导出描述上述各波在弹性界面上的能量分配表达式如下：

$$\begin{pmatrix} \sin\theta_{p1} & \cos\theta_{s1} & -\sin\theta_{p2} & -\cos\theta_{s2} \\ \cos\theta_{p1} & -\sin\theta_{s1} & \cos\theta_{p2} & -\sin\theta_{s2} \\ \sin 2\theta_{p1} & \dfrac{V_{p1}}{V_{s1}}\cos 2\theta_{s1} & \dfrac{\rho_2 V_{s2}^2 V_{p1}}{\rho_1 V_{s1}^2 V_{p2}}\sin 2\theta_{p2} & \dfrac{\rho_2 V_{p1} V_{s2}}{\rho_1 V_{s1}^2}\cos 2\theta_{s2} \\ \cos 2\theta_{s1} & -\dfrac{V_{s1}}{V_{p1}}\sin 2\theta_{s1} & -\dfrac{\rho_2 V_{p1}}{\rho_1 V_{p2}}\cos 2\theta_{p2} & \dfrac{\rho_2 V_{s2}}{\rho_1 V_{s1}}\sin 2\theta_{s2} \end{pmatrix} \begin{pmatrix} R_{pp} \\ R_{ps} \\ T_{pp} \\ T_{ps} \end{pmatrix} = \begin{pmatrix} -\sin\theta_{p1} \\ \cos\theta_{p1} \\ \sin 2\theta_{p1} \\ -\cos 2\theta_{s1} \end{pmatrix} \tag{6-26}$$

当SV波以 θ_{s1} 角入射时，各波在弹性界面上的能量分配表达式如下：

$$\begin{pmatrix} -\sin\theta_{p1} & \cos\theta_{s1} & \sin\theta_{p2} & \cos\theta_{s2} \\ -\cos\theta_{p1} & -\sin\theta_{s1} & -\cos\theta_{p2} & \sin\theta_{s2} \\ \dfrac{V_{s1}}{V_{p1}}\sin 2\theta_{p1} & -\cos 2\theta_{s1} & \dfrac{\rho_2 V_{s2}^2}{\rho_1 V_{s1} V_{p1}}\sin 2\theta_{p2} & \dfrac{\rho_2 V_{s2}}{\rho_1 V_{s1}}\cos 2\theta_{s2} \\ \dfrac{V_{p1}}{V_{s1}}\cos 2\theta_{s1} & \sin 2\theta_{s1} & -\dfrac{\rho_2 V_{p2}}{\rho_1 V_{p1}}\cos 2\theta_{p2} & \dfrac{\rho_2 V_{s2}}{\rho_1 V_{s1}}\sin 2\theta_{s2} \end{pmatrix} \begin{pmatrix} R_{sp} \\ R_{ss} \\ T_{sp} \\ T_{ss} \end{pmatrix} = \begin{pmatrix} \cos\theta_{s1} \\ \sin\theta_{s1} \\ \cos 2\theta_{s1} \\ \sin 2\theta_{s1} \end{pmatrix} \tag{6-27}$$

式（6-27）为P波和SV波入射时的Zoeppritz方程，表示反射纵波、反射横波、透射纵波、透射横波、转换纵波及转换横波之间的能量分配关系。只要知道地层弹性参数及入射角度，就可以通过求解上述Zoeppritz方程得到各个波的反射系数。斜井3D-VSP射线正演模拟可以得到模型各个反射界面的入射角分布，在已知模型速度和密度等参数的情况下，可以通过求解Zoeppritz方程得到各界面的反射系数和透射系数。同时可以利用AVA特征与射线正演记录进行对比研究，提高对三维斜井VSP资料的认知度，为验证正演结果的可靠性及为多波资料的处理和解释提供可靠参考依据。

第7章　多波解释基础与工区概况

7.1　岩石物理学基础

岩石物理学研究岩石物理性质之间的相互关系，具体地说，研究渗透率、孔隙度等是如何同地震波速度、温度、电阻率等参数相关联的。岩石物理学特征的地震参数主要有岩石的纵波速度、横波速度、密度、弹性模量、拉梅系数和泊松比等，是识别岩性及油气的重要参数，是联系储集层的特征参数，也是进行定量描述地震油气藏的纽带。

岩石物理学与地球物理学、地质学、力学、流体力学、地球化学、材料力学、地热学、工程学、环境科学等众多学科密切相关，是一门高度交叉的边缘学科，基础性与应用性都很强。一般情况下，人们把岩石物理学归属于地学学科；对油气资源的勘探开发而言，岩石物理是联系地质结构、地球物理、石油工程三个学科领域的共同基础和桥梁（图7-1）。

图7-1　岩石物理与地质结构、地球物理、石油工程间相互关系示意图

7.1.1　岩石物理中地震波速分析

（1）波速 V_P，V_S 和密度 ρ 是岩石总体（或平均）弹性性质的反映。已知 V_P，V_S 和 ρ，可求出 λ（拉梅常数）和 μ（剪切模量），K（体积模量），ν（泊松比），E（杨氏模量）、β（压缩系数）等弹性参数，见表7–1。

表7–1　弹性参数换算表

K	E	λ	ν	ρV_p^2	$\rho V_s^2=\mu$
$\lambda+2\mu/3$	$\mu\frac{3\lambda+2\mu}{\lambda+\mu}$	—	$\frac{\lambda}{2(\lambda+\mu)}$	$\lambda+2\mu$	—
—	$9K\frac{K-\lambda}{3K-\lambda}$	—	$\frac{\lambda}{3K-\lambda}$	—	$\frac{3(K-\lambda)}{2}$
—	$\frac{9K\mu}{3K+\mu}$	$K-\frac{2}{3}\mu$	$\frac{3K-2\mu}{2(3K+\mu)}$	$K+\frac{4}{3}\mu$	—
$\frac{E\mu}{3(3\mu-E)}$	—	$\mu\frac{E-2\mu}{3\mu-E}$	$\frac{E}{2\mu}-1$	$\mu\frac{4\mu-E}{3\mu-E}$	—
—	—	$3K\frac{3K-E}{9K-E}$	$\frac{3K-E}{6K}$	$3K\frac{3K+E}{9K-E}$	$\frac{3KE}{9K-E}$
$\lambda\frac{1+\nu}{3\nu}$	$\lambda\frac{(1+\nu)(1-2\nu)}{\nu}$	—	—	$\lambda\frac{1-\nu}{\nu}$	$\lambda\frac{1-2\nu}{2\nu}$
$\mu\frac{2(1+\nu)}{3(1-2\nu)}$	$2\mu(1+\nu)$	$\mu\frac{2\nu}{1-2\nu}$	—	$\mu\frac{2-2\nu}{1-2\nu}$	—
—	$3K(1-2\nu)$	$3K\frac{\nu}{1+\nu}$	—	$3K\frac{1-\nu}{1+\nu}$	$3K\frac{1-2\nu}{2+2\nu}$
$\frac{E}{3(1-2\nu)}$	—	$\frac{E\nu}{(1+\nu)(1-2\nu)}$	—	$\frac{E(1-\nu)}{(1+\nu)(1-2\nu)}$	$\lambda\frac{1-2\nu}{2\nu}$
$\rho\left(V_P^2-\frac{4}{3}V_S^2\right)$	$\frac{9\rho V_S^2R_2^2}{3R_2^2+1}$	$\rho\left(V_P^2-2V_S^2\right)$	❖	—	—

注：“❖” $2\nu=\frac{R_1^2-2}{R_1^2-1}=\frac{3R_2^2-2}{3R_2^2+1}=\frac{2\left(3R_3^2-1\right)}{3R_3^2+1}$。

表中：K为体积模量，E为杨氏模量，μ为剪切模量，β为压缩系数，$\beta=1/K$，λ为拉梅常数，ν为泊松比，ρ为密度，$R_1=V_P/V_S$，$R_2^2=K/\left(\rho V_S^2\right)$，$R_3^2=K/(\rho V_P^2)$。

（2）寻求合理且科学的研究方法。由岩石总体性质反演岩石的微观结构与所处温压条件。与反演的一般性问题一样，存在着解的适定性问题，即：解是否存在？是否唯一？是否稳定？因此，需要有如下合理的方法：

①利用大量观测数据，建立岩石波速与组合岩石孔隙、裂隙及充填物性质的统计关系和经验方程。

②建立岩石波速与温度、压力（含埋藏深度）的统计关系。

7.1.2 岩石物理参数之间的联系

在给定流体类型和岩性的条件下，岩石物理研究的目标是建立三者之间的关系，以及纵波速度、横波速度、密度与弹性模量（如剪切模量 μ 、压缩模量 λ、体积模量 K ）、孔隙度、孔隙流体等之间的联系。弹性参数（岩石物理参数）与岩性和流体密切相关，例如一般储层含有流体表现出低密度、低体积模量、低泊松比的特征，泥岩与砂岩的弹性参数特征也会明显不同。这样的弹性参数为流体预测与岩性预测提供了较为可靠的依据与手段。

（1）岩石波速。在均匀各向同性介质中，传播速度 V_P ， V_S 分别与弹性参数 $R=\frac{\rho_1 V_1-\rho_2 V_2}{\rho_1 V_1+\rho_2 V_2}$ 和 μ 的关系如下：

$$V_P=\sqrt{\frac{\lambda+2\mu}{\rho}} \tag{7-1}$$

$$V_S=\sqrt{\frac{\mu}{\rho}} \tag{7-2}$$

式（7-1）与式（7-2）中： ρ 为岩石密度。若泊松比 v 为0.25，此时 $\lambda=\mu$，于是有：

$$V_P=\sqrt{3}V_S \tag{7-3}$$

当波垂直入射到分界面时，反射系数 R 可以表示为

$$R=\frac{\rho_2 V_2-\rho_1 V_1}{\rho_1 V_1+\rho_2 V_2} \text{ 或 } R=\frac{\rho_1 V_1-\rho_2 V_2}{\rho_1 V_1+\rho_2 V_2} \tag{7-4}$$

在波垂直入射到分界面时，透射系数可写成：

$$T=\frac{2\rho_1 V_1}{\rho_1 V_1+\rho_2 V_2} \tag{7-5}$$

显然

$$1-T=R \text{ 或 } |1-T|=R \tag{7-6}$$

波传播过程中所遵循的方程类型很多，有弦振动方程、杆纵振动方程、声学方程、弹性方程、黏弹性方程，同时分一维、二维和三维方程，这些方程都

和一定的物理模型有关。

（2）弹性模量。弹性模量是反映岩石在外力作用下发生的伸缩、剪切和体积变化的特征参数，是联系应力、应变关系的常量。拉梅常数 λ 也称为压缩模量，在储层描述中与不可压缩性关系密切，是阻止压力变化引起体积变化的能力；剪切模量 μ 反映在外力作用下岩石外形发生的剪切位移；体积模量 K 反映在外力作用下岩石体积发生的变化，反映岩石的可压缩性；杨氏模量 E 则反映在外力作用下岩石发生的伸缩变化，它的物理意义是单位截面积的杆件伸长一倍所需要的应力大小。弹性模量的定义分别为

①拉梅常数：$\lambda = \rho V_P^2 - 2\rho V_S^2$；

②剪切模量：$\mu = \rho V_S^2$；

③体积模量：$K = \lambda + \frac{2}{3}\mu = \rho\left(V_P^2 - \frac{4}{3}V_S^2\right)$；

④杨氏模量：$E = \frac{\mu(3\lambda + 2\mu)}{\lambda + \mu} = \rho\frac{3V_P^2 - 4V_S^2}{(V_P/V_S)^2 - 1}$。

7.1.3　岩石物理参数与储层关系

弹性参数和岩性、流体之间具有十分密切的关系，通常一个区域总能寻找到某个或某几个对岩性和流体敏感的弹性参数。一般情况下，岩石（骨架）具有比较低的可压缩性，而流体具有比较高的可压缩性。

（1）泊松比 v 与岩石物性关系。前人通过对地层弹性参数的研究发现，泊松比对岩石和含油气情况反应比较敏感，各类岩石的 v 都随压力增大而增大，致密岩石 v 都比较小；岩石越疏松，其 v 越高，尤其是压碎破裂和含流体后岩石，v 明显增高。所不同的是，含流体后 v 随压力的增大而略微减小，不同岩石的速度变化范围是相互重叠的，但泊松比却有明显的差别。因此，可以利用泊松比与岩性的唯一关系，较好地确定岩石性质及含有流体性质。根据前人研究，泊松比与岩石物性之间关系如下：

①含水或含油砂岩，孔隙度增加，泊松比增加。

②饱和含水岩石，孔隙纵横比减小，泊松比降低。

③含水和含气岩石，孔隙压力增加，泊松比增加。

④含水或含油岩石，孔隙纵横比减小，泊松比增加。

⑤随着围压增大，泊松比降低；随着温度升高，泊松比增大。

⑥石英随着含量增加，泊松比降低；泥质随着含量增加，泊松比增大。

⑦碳酸岩随着孔隙增加，泊松比降低；含气砂岩随着孔隙增加，泊松比降低。

（2）泊松比与反射系数关系。在中等入射角范围内，泊松比与反射系数间关系为：泊松比差值的正负和大小控制反射系数曲线的变化；若 $\nu_1>\nu_2$，则随着入射角增加，反射系数单调递增；若 $\nu_1<\nu_2$，则随着入射角增加，反射系数单调递减。$\Delta\nu$ 越大，曲线变化速率越快；若 $\Delta\nu$ 为零，则随着入射角增加，反射系数的绝对值降低，泊松比越小下降越快。上下介质的波阻抗差是确定反射系数正负的唯一要素。

（3）拉梅常数、剪切模量与岩石含油气性关系。拉梅常数与岩石的不可压缩性有关，对孔隙中流体类型敏感。通常，岩石具有较低可压缩性，流体具有较高可压缩性；剪切模量与岩石刚性有关，是抗剪切形变的量度，对岩石骨架类型敏感，剪切性质对流体饱和不敏感，流体的剪切模量为零，水的拉梅常数大于气体。

（4）其他参数与含油气性间关系。在储层含有流体（油、气）以后，一般 $\lambda\cdot\rho$ 表现为低值，$\mu\cdot\rho$ 表现为高值，泊松比 ν、体积模量 K 和 λ/μ 都表现为低值。

7.2　岩石弹性模量变化规律分析

弹性参数有很多，对于均匀各向同性介质，已知两个弹性参数，可换算出其他的弹性参数；在讨论体积形变和含孔隙的二相介质时，常用压缩系数 β 来描述。其定义为

$$\beta=\frac{\mathrm{d}(\varepsilon_V)}{\mathrm{d}P}=\frac{1}{V}\frac{\mathrm{d}V}{\mathrm{d}P} \tag{7-7}$$

式中：ε_V ——岩石体积应变 $\Delta V/V$，按岩石力学规定，体积减小时体应变为正；

$\mathrm{d}V$ ——原始体积为 V 的岩石受到流体静压力变化（$\mathrm{d}P$）时所产生的体积变化；

β——体积模量 K 的倒数：

$$\beta = \frac{1}{K} = \frac{3(1-2\nu)}{E} \tag{7-8}$$

式中：β 的单位通常为兆帕$^{-1}$（MPa^{-1}），空气的 β 值为无穷大；水的 β 值为100 MPa^{-1}，压缩性小；岩石的 β 值一般为1 MPa^{-1}，运用等效体概念，有效压缩系数也可按Ruess和Voigt公式求出，具体如下：

$$\text{Ruess公式：}\quad \beta_R = \sum_{i=1}^{N} V_i \beta_i \tag{7-9}$$

$$\text{Voigt公式：}\quad \frac{1}{\beta_V} = \sum_{i=1}^{N} V_i \frac{1}{\beta_i} \tag{7-10}$$

分析在地层围压条件和相同应力状态下温度对动弹性模量的影响，岩石动弹性模量和动泊松比都大于相应的静弹性模量和静泊松比。在地层温压条件和相同应力状态下，岩石动弹性模量和动泊松比多数大于相应的静弹性模量和静泊松比；温度对动、静弹性有着一定的影响，温度的升高可能使静弹性参数量增加，而使动弹性参数量降低。

动、静弹性参数的这种差异及动、静泊松比关系的非一致性，主要是由于两种测试的作用力机制不同，即静力持续作用与弹性波的瞬时作用对岩石产生的形变是有差异的，而岩石形变的差别必然导致动、静弹性模量和泊松比的不同。

7.3　歧口18-2油田地质概况简介

歧口18-2油田位于渤海西部海域，东北距歧口18-1平台约6.3 km，西南距歧口17-3平台约10.5 km，西北距塘沽约43 km，属于渤西油田群（图7-2）。

QK18-2构造位于歧南断阶带，海四断层的下降盘。该构造由一系列断块组成，东抬西倾、南高北低，构造面积7.2 km^2。该构造主要发育三组断裂：一组为海四断层，最大断距约450 m；另外两组为次级断裂，一组近东西向，一组近北东向。除F2断层南掉外，其余断层均为北掉，三组断裂平面上呈“梳”状分布；F4、F9与海四断层相交，将整个构造分割成南、中、北三块：北块为P1、P3、QK18-2-2-2井区；中块为P4、P6、QK18-2-2-1井区；南块为P8井区（图7-3）。

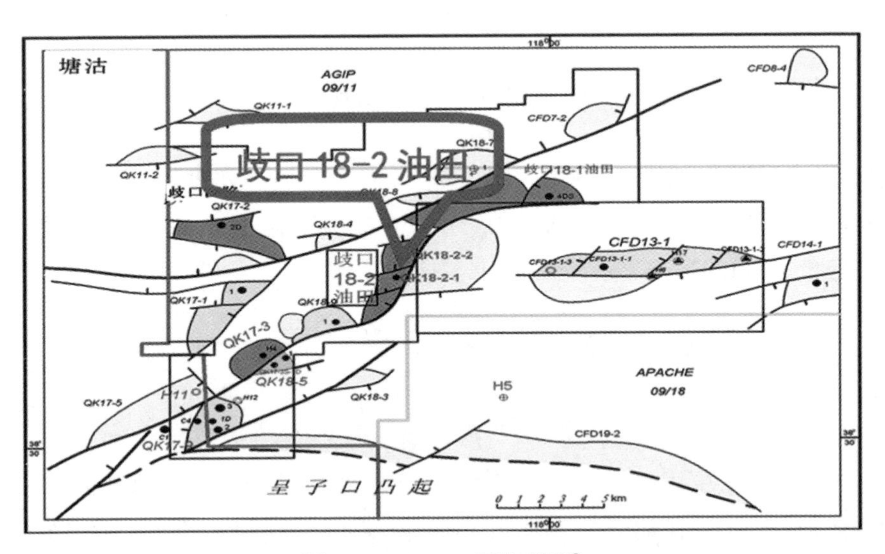

图7-2 QK18-2区位置图①

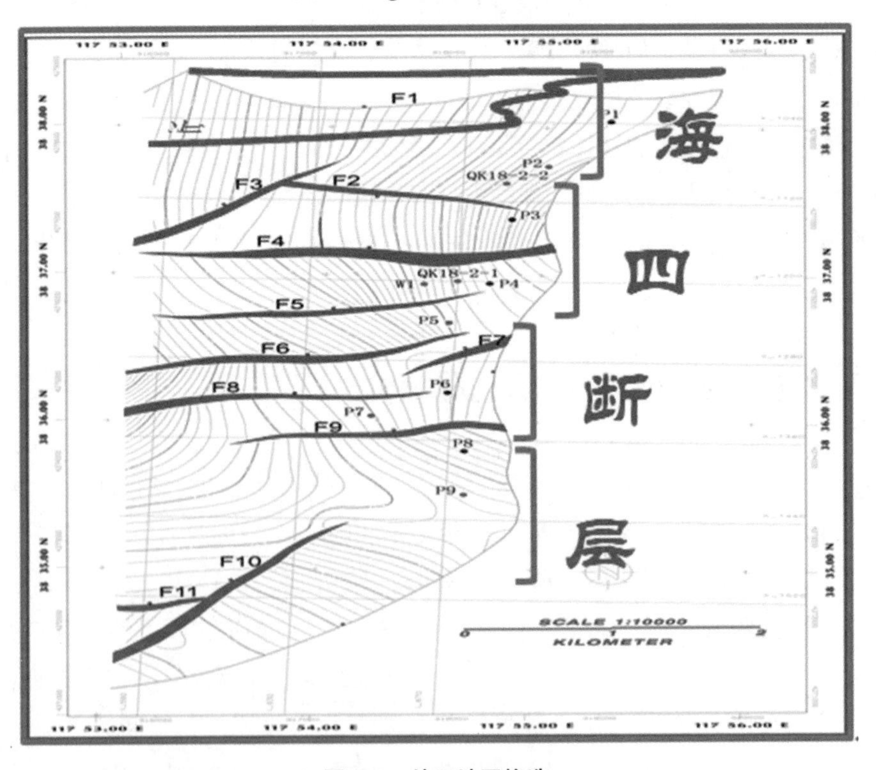

图7-3 歧口地区构造

① 图7-2及其后的图、表（仅限本章），皆引自渤西生产项目队歧口18-2油田区位图。

7.4　歧口18–2油田沉积相与储层特征

区域沉积相研究结果表明：歧口18–2油田沙河街组含油层段为扇三角洲相沉积，可分为扇三角洲前缘和前扇三角洲两个亚相。其中，扇三角洲前缘亚相又包括水下分流河道、水下分流河道间、河口坝及远砂坝等四个微相（图7–4）。

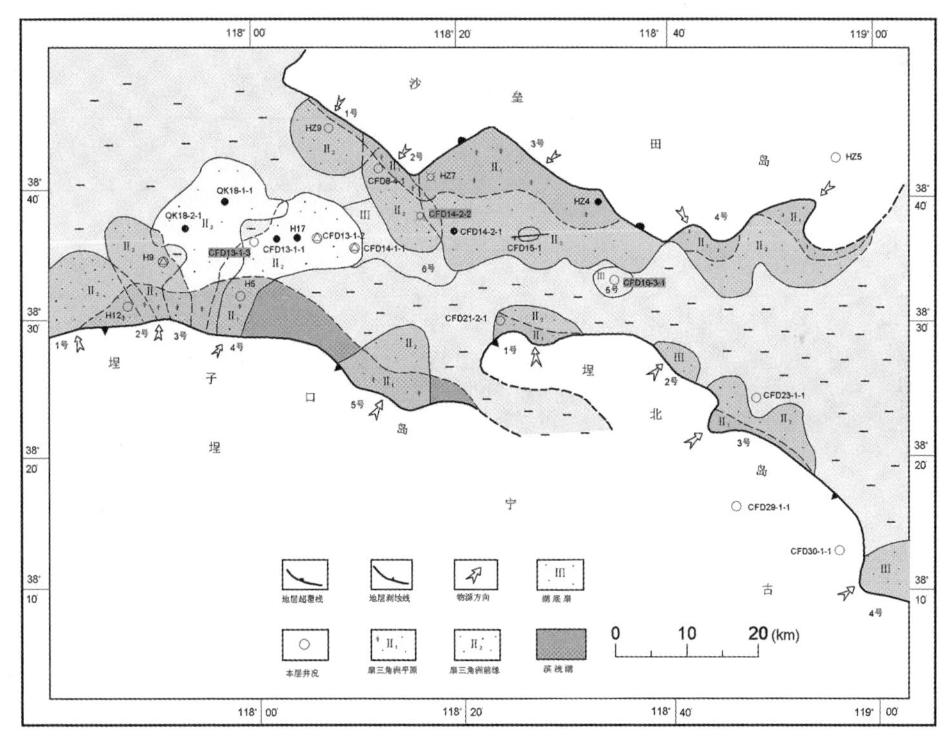

图7–4　歧口沉积相特征

储层物性特征：孔隙度中等偏高，为22%～30%，渗透率主要集中在$(100 \sim 500) \times 10^{-3}\ \mu m^2$，孔隙度和渗透率之间具有较好的相关性。储层孔隙结构特征：储集空间以次生粒间孔为主，约占总有效孔隙的90%以上，其次为粒间、粒内溶孔。歧口18–2油田储层分类（表7–2）：含砾砂岩、细–中砂岩、细砂岩和粉砂岩储层是油田主要储层，约占85%，粉砂岩、泥质粉砂岩储层为次要储层，约占15%。歧口18–2油田扇三角洲前缘各微相特征见表7–3。

表7-2　歧口18-2油田储层分类表

类别	沉积微相	岩性	渗透率（$\times10^{-3}\ \mu m^2$）	孔隙度/%	主要孔喉分布范围/μm
Ⅰ类	扇三角洲水下分流河道及河口坝	含砾砂岩、细-中砂岩	>100	>23	6.3~40
Ⅱa类	扇三角洲河口坝	细砂岩、粉砂岩	10~100	16~24	1~10
Ⅱc类	扇三角洲远砂坝及水下分流河道间	粉砂岩、泥质粉砂岩	1~10	17~20	<2.5

表7-3　歧口18-2油田扇三角洲前缘各微相特征

微相	岩性	沉积构造	粒度概率曲线	测井曲线特征	物性
水下分流河道	含砾砂岩细-中砂岩	正粒序块状层理、平行层理，底部见冲刷面	二段式	箱形~钟形	$\varphi>23\%$ $k>100\times10^{-3}\ \mu m^2$
水下分流河道间	泥质粉砂岩、粉砂岩	波状层理、水平层理		低幅齿形	$\varphi>20\%$ $k>50\times10^{-3}\ \mu m^2$
河口砂坝	细-中砂岩	反粒序块状层理、平行层理、波状交错层理		漏斗形	$\varphi<12\%$ $k<10\times10^{-3}\ \mu m^2$
远砂坝	粉砂岩、泥质粉砂岩	反粒序波状层理、变形构造		小漏斗形	φ为0%~12% $(0.1k\sim10)\times10^{-3}\ \mu m^2$

第8章　多波多分量合成地震记录

合成地震记录是地震资料解释中的一种有效工具，是联系地震资料和测井资料的一座桥梁，是构造解释和岩性储层地震解释的基础，也是地震与地质相结合的一条纽带。它可以将研究目的层准确地标定在地震剖面上，在井资料与地震资料之间建立准确的对应关系，为精细储层描述打下坚实的基础。合成地震记录的精度直接影响地震地质层位的准确标定及岩性储层解释的精度，因此，多波多分量地震记录的合成在多波解释中有重要的地位。

8.1　测井资料处理及解释

图8-1至图8-4是QK18-2地区P6井的测井资料处理结果。本地区含油气层特征属于高速低密类型，这与歧口18-2地区已有的解释成果一致。

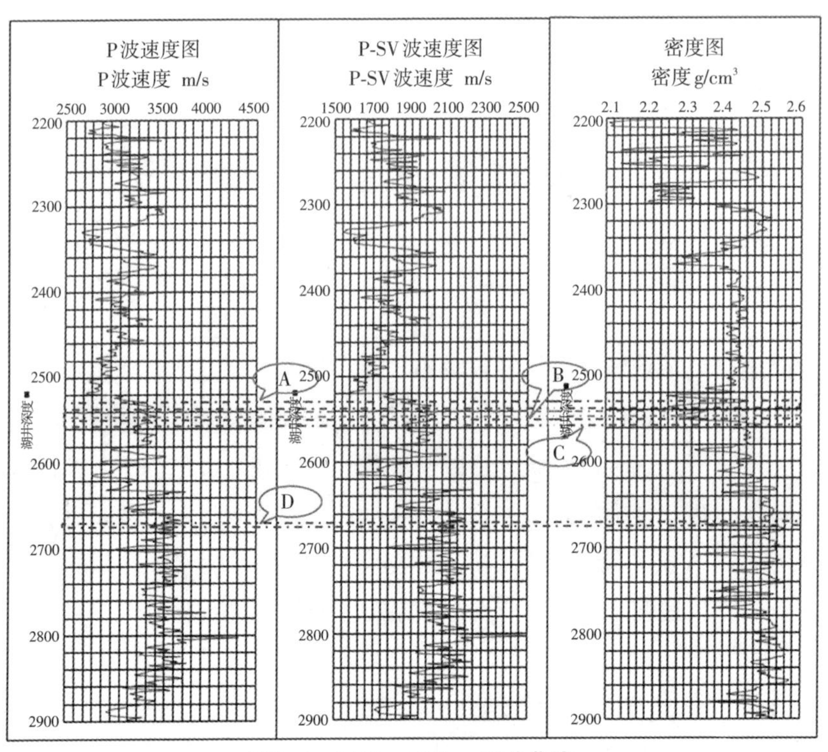

图8-1 2200~2900 m测井曲线

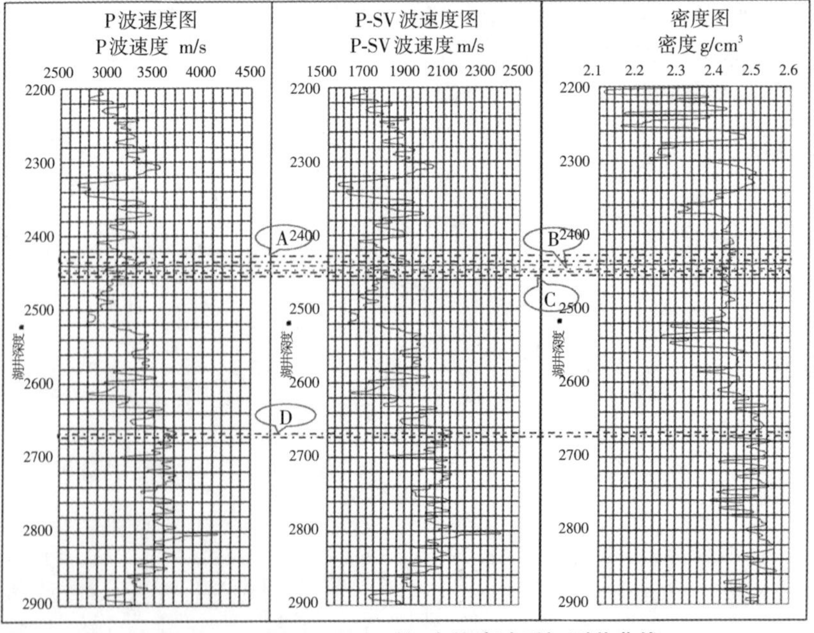

图8-2 2200~2900 m（经中值滤波后）测井曲线

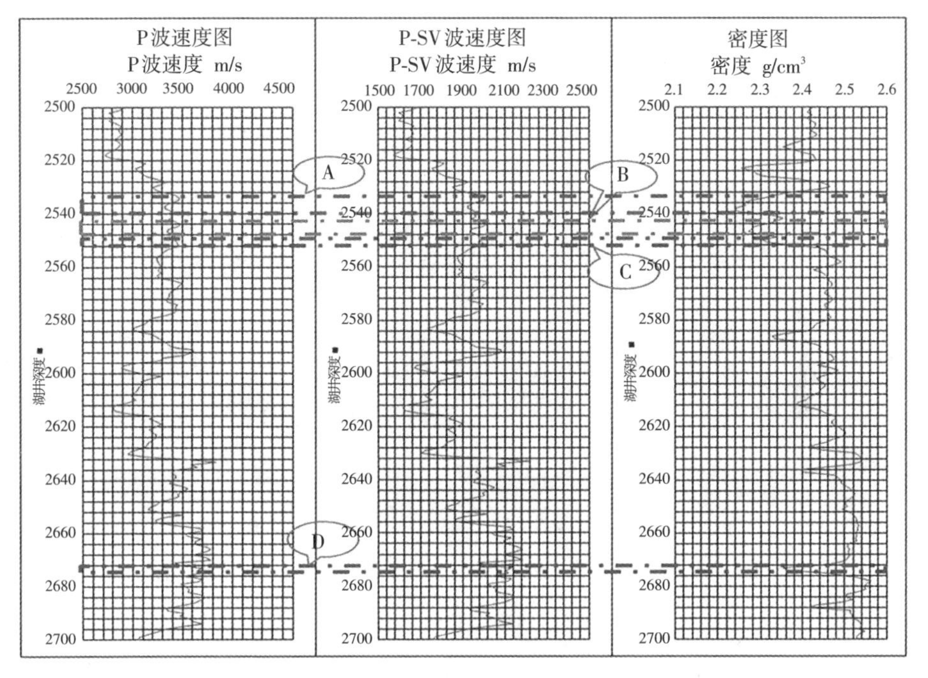

图8-3　2500～2700 m测井曲线

（注：A：2533.8～2540.9　油层7.1 m　　B：2543.2～2548.7　油层5.5 m
C：2549.9～2552　油层2.4 m　　D：2672.9～2674.7　油层1.8 m）

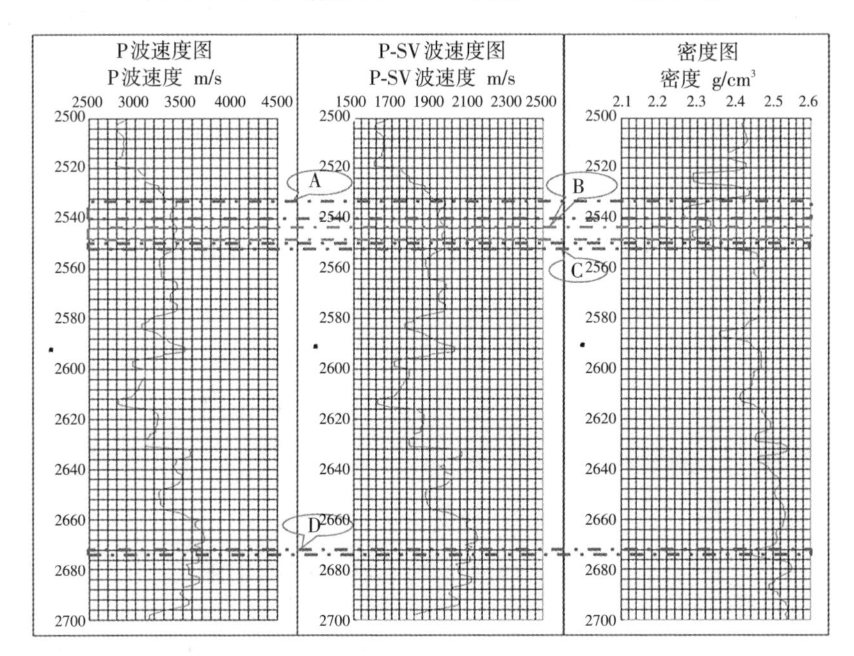

图8-4　2500～2700 m（经中值滤波后）测井曲线

8.2 地震子波提取方法

8.2.1 子波相位分解原理

众所周知，反射地震记录$x(t)$是由地震子波$w(t)$和反射系数$r(t)$褶积形成的，即

$$x(t)=w(t)*r(t) \tag{8-1}$$

由于褶积因素，地震子波$w(t)$与反射系数$r(t)$合在一起。将式（8-1）变到频率域：

$$\hat{X}(\omega)=\hat{W}(\omega)\hat{R}(\omega) \tag{8-2}$$

将式（8-2）两边同时取对数：

$$\ln\hat{X}(\omega)=\ln\hat{W}(\omega)+\ln\hat{R}(\omega) \tag{8-3}$$

分别用$\bar{X}(\omega)$，$\bar{W}(\omega)$，$\bar{R}(\omega)$表示$\ln\hat{X}(\omega)$，$\ln\hat{W}(\omega)$，$\ln\hat{R}(\omega)$，即

$$\bar{X}(\omega)=\bar{W}(\omega)+\bar{R}(\omega) \tag{8-4}$$

式（8-4）中，$\bar{X}(\omega)$，$\bar{W}(\omega)$，$\bar{R}(\omega)$分别称为$x(t)$，$w(t)$，$r(t)$的复赛谱。在振幅谱已知的情况下，在复赛谱中分解出子波最大、最小相位分量。设子波$w(t)$的最大相位分量为$\max(t)$，最小相位分量为$\min(t)$，对$w(t)=\max(t)\cdot\min(t)$两边同时取对数：

$$\ln w(t)=\ln\max(t)+\ln\min(t) \tag{8-5}$$

然后对式（8-5）两边同时作傅里叶变换，则式（8-5）的对数谱可表示为

$$\ln\left|w(\omega)\right|\exp\left(\mathrm{i}\varphi_{w}(\omega)\right)=\ln\left|\max(\omega)\right|\exp\left(\mathrm{i}\varphi_{\max}(\omega)\right)+\ln\left|\min w(\omega)\right|\exp\left(\mathrm{i}\varphi_{\min}(\omega)\right)$$

即

$$\ln\left|\left(w(\omega)\right)\right|+\mathrm{i}\varphi_{w}(\omega)=\ln\left|\max(\omega)\right|+\mathrm{i}\varphi_{\max}(\omega)+\ln\left|\min(\omega)\right|+\mathrm{i}\varphi_{\min}(\omega) \tag{8-6}$$

将式（8-6）消除相位谱：

$$\begin{aligned}2\ln\left|\left(w(\omega)\right)\right|=&\ln\left|\max(\omega)\right|+\mathrm{i}\varphi_{\max}(\omega)+\ln\left|\max(\omega)\right|-\mathrm{i}\varphi_{\max}(\omega)+\\&\ln\left|\min(\omega)\right|+\mathrm{i}\varphi_{\min}(\omega)+\ln\left|\min(\omega)\right|-\mathrm{i}\varphi_{\min}(\omega)\end{aligned} \tag{8-7}$$

用复赛谱域表示为

$$2\hat{w}_0(t)=\widehat{\max}(t)+\widehat{\min}(t)+\widehat{\max}(-t)+\widehat{\min}(-t) \tag{8-8}$$

式（8–8）中，$\hat{w}_0(t)$ 为振幅谱复赛谱，$\widehat{\max}(-t)$ 为子波最小相位分量，$\widehat{\max}(t)$ 为最大相位函数的复赛谱，$\widehat{\min}(-t)$ 为子波最大相位分量，$\widehat{\min}(t)$ 为最小相位函数的复赛谱。

$\hat{w}_0(t)$ 对称出现在复赛谱的正负轴上，而 $\widehat{\max}(t)$，$\widehat{\min}(t)$ 分别出现在复赛谱的正轴和负轴上，相应的 $\widehat{\max}(-t)$，$\widehat{\min}(-t)$ 分别出现在复赛谱的负轴和正轴上，在复赛谱上可以确定出子波的最小相位分量与子波的最大相位分量。

8.2.2　子波提取主要步骤

一般情况下，地震子波是未知的。为了在未知情况下求取反滤波因子，必须对地震子波及反射系数序列加上一定限制；若将子波作为一般信号对待，则子波也可用 $s(t)$ 表示。假设反射系数是随机白噪声序列，因地震记录 $x(t)$ 自相关和子波 $s(t)$ 自相关相等，于是有记录的振幅谱 $|X(\omega)|$ 和子波的振幅谱 $|S(\omega)|$ 相等，即 $|X(\omega)|=|S(\omega)|$，那么其对数谱也相等，即 $\ln|S(\omega)|=\ln|X(\omega)|$。当子波为最小相位时，其对数谱序列 $\hat{S}(n)$ 是实的因果序列。对于任何实序列都可以写成奇部和偶部的序列之和，故 $\hat{S}(n)$ 可以写成奇部 $\hat{S}o(n)$ 和偶部 $\hat{S}e(n)$ 之和。

提取子波的主要步骤如下：

（1）由若干道振幅谱的几何平均确定子波的对数谱：

$$S(\omega)=|S(\omega)|\mathrm{e}^{\mathrm{j}\varphi(\omega)} \Rightarrow \hat{S}(\omega)=\ln S(\omega)=\ln|S(\omega)|+i*\varphi(\omega) \tag{8-9}$$

（2）将式（8–9）改写成奇部 $\hat{S}o(n)$ 和偶部 $\hat{S}e(n)$ 式子：

$$\begin{cases} \hat{S}o(n)=sign(n)*\hat{S}e(n) \\ \hat{S}e(n)=\left(sign(n)+\delta(n)\right)*\hat{S}o(n) \end{cases} \tag{8-10}$$

（3）将偶部 $\hat{S}e(n)$ 乘以 $sign(n)$ 等于奇部 $\hat{S}o(n)$，再作傅里叶变换：

$$sign(n)*\hat{S}e(n)=\hat{S}o(n)\xrightarrow{\text{傅里叶变换}}\varphi(\omega) \tag{8-11}$$

（4）将式（8–1）作傅里叶变换后，可得：

$$S(\omega)=|S(\omega)|\mathrm{e}^{\mathrm{j}\varphi(\omega)}\xrightarrow{\text{反傅里叶变换}}S(t) \tag{8-12}$$

8.2.3 实际子波提取处理

从图8-5可以看出：实际混合相位子波、实际最小相位子波与理论混合相位子波、理论最小相位子波非常接近，吻合度相当高，其相似系数分别为0.981与0.979。图8-6至图8-9是实际地震资料子波的提取。

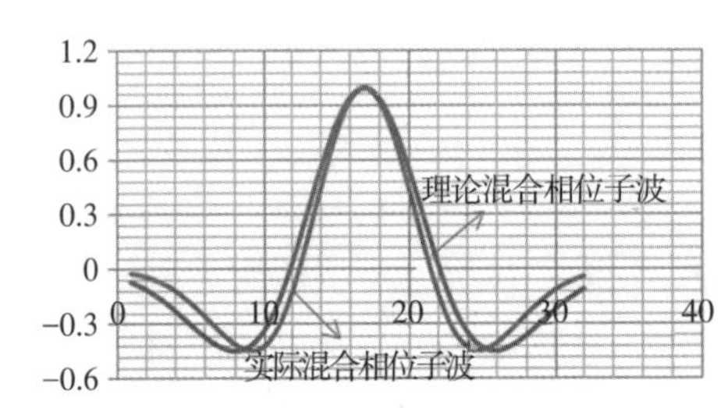

(a) 理论混合相位子波与实际混合相位子波对比

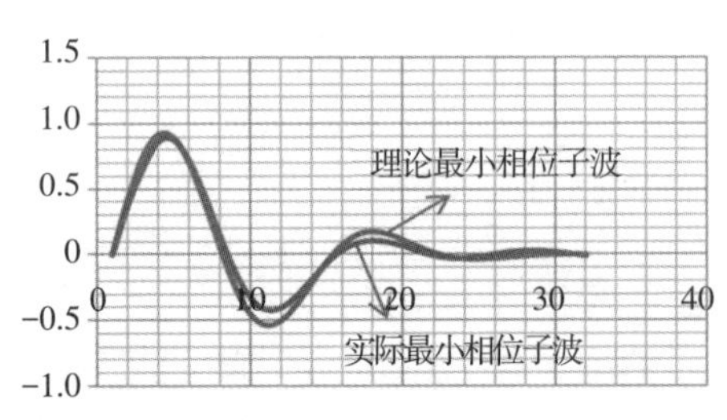

(b) 理论最小相位子波与实际最小相位子波对比

图8-5　反射系数序列为高斯白噪时的子波提取（无噪）

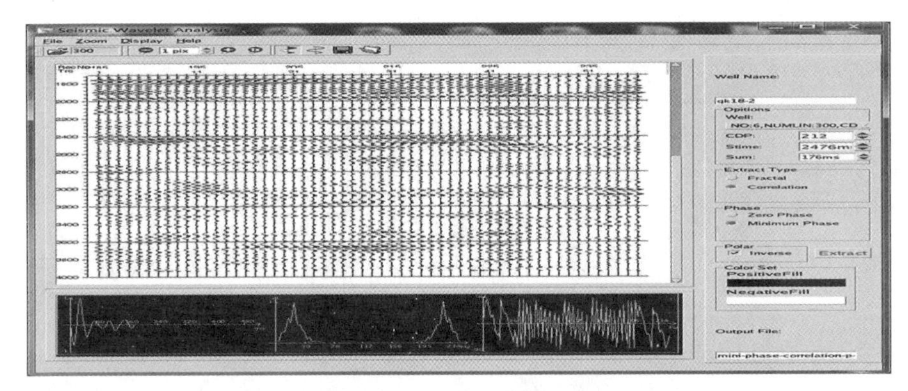

图8-6　纵波剖面利用自相关法提取最小相位子波

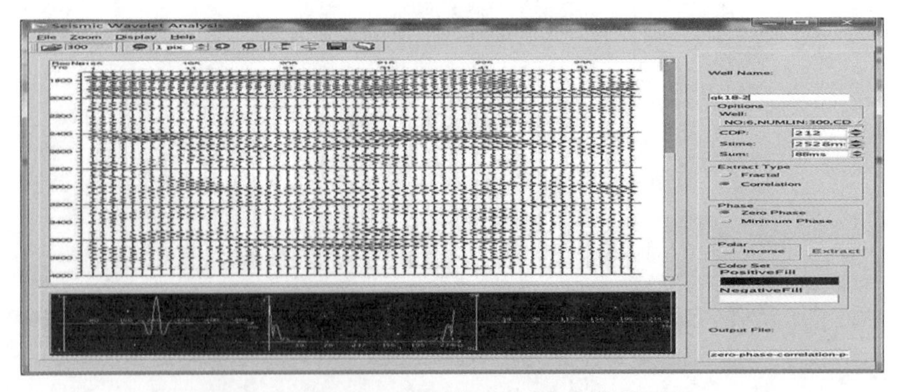

图8-7　纵波剖面利用自相关法提取零相位子波

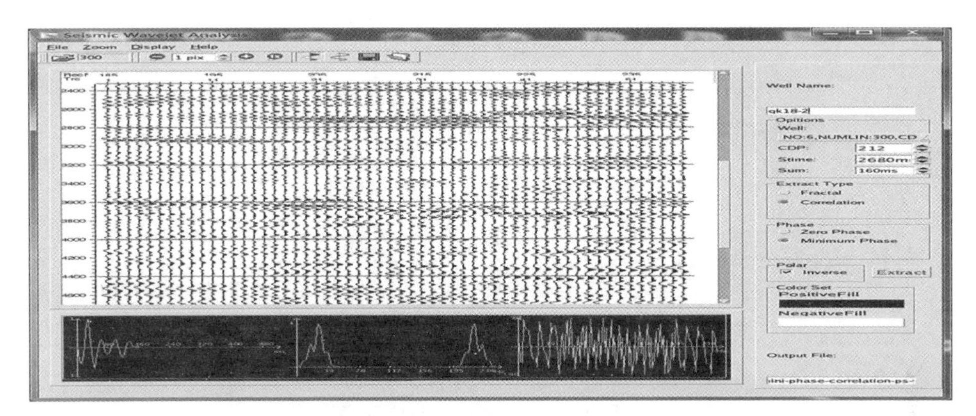

图8-8　横波剖面利用自相关法提取最小相位子波

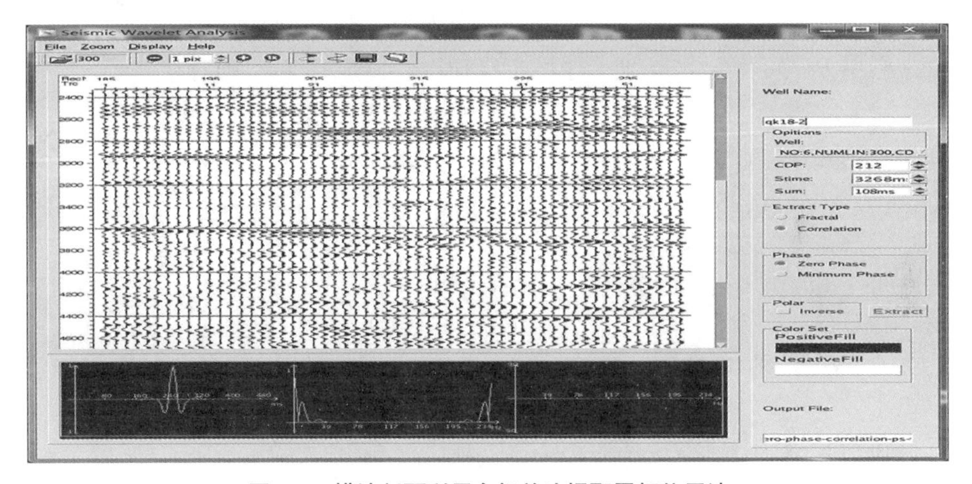

图8-9　横波剖面利用自相关法提取零相位子波

应注意的问题：

（1）子波长度的选择要恰当，多数情况下选为100 ms左右。

（2）制作子波的时窗不能太小，通常取子波长度的3倍以上；当目的层较深、地震资料的信噪比较低时，提取子波的时窗最好用浅层部分；提取子波的时窗也可以以目的层为中心，最好其上、下各取50 ms。

（3）井旁道数扫描至少为3道，最好沿地层走向方向选择。

（4）做合成记录时用雷克子波，主要目的是把地震解释层位与井分层对齐。

（5）对提取的子波，要从子波的波形、振幅谱、相位谱等方面进行子波质量的判断，要求子波的波形稳定，单峰值，有效频带内相位稳定。

（6）在断层附近以及深层都不适合提取好的子波。

8.3 制作合成地震记录

8.3.1 数据深时转换

密度测井曲线与声波测井曲线都以深度作为纵坐标。当测井曲线制作合成地震记录时，模型反射界面的层厚、位置、速度与密度等参数都可以由深度确定。为了与地震剖面进行对比与拟合，首先需将测井曲线进行深时转换处理，即需要把与深度有关的信息转换为双程反射时间 t 的相关信息。设深度坐标用 H 表示，声波在地层中的传播速度以 $v(H)$ 表示，则有：

$$t=2\int_0^h 1/v(H)\mathrm{d}H \tag{8-13}$$

利用 $H=I\Delta H$ ，可将式（8-13）变为 $t=2\sum_{i=0}^{I}\frac{\Delta H}{v(i\Delta H)}$ ，由 $\rho(H)$ 与 $v(H)$ 得到反射时间变化的声阻抗曲线 $\rho v(t)$ 。

8.3.2 求取反射系数

利用公式 $r(t)=\frac{\rho v(t+\Delta t)-\rho v(t)}{\rho v(t+\Delta t)+\rho v(t)}$ 计算反射系数。选取一定的地震子波 $w(t)$，再与反射系数 $r(t)$ 褶积，就可以得到地震记录 $x(t)$，即 $x(t)=w(t)*r(t)$ 。

8.3.3 人工合成记录

通常人工合成记录是利用地震子波 $S(n)$ 与反射系数序列 $R(n)$ 褶积。若用 $F(n)$ 表示合成地震记录，则 $F(n)=R(n)*S(n)$ 。对于不同域、不同类型的地震子波合成记录，$S(n)$ 可为时间域或深度域的P-P波子波或P-SV波子波；而 $R(n)$ 也可为时间域或深度域纵波或转换波的反射系数。

8.3.4 转换波合成记录

转换波（P-SV波）合成记录制作过程比纵波（P波）复杂，究其原因，主要是地震波垂直入射时不产生转换波。因此，垂直入射时纵波合成记录制作方法不能用于转换波。利用近似特定角制作合成记录，主要是指用入射角控制转换波合成记录。P-SV波反射系数近似公式见式（8-14）至式（8-17）。

Zoeppritz方程描述了平面波入射到两个弹性介质分界面上时，反射波和透射波幅度随入射角改变而变化的关系。Aki和Richard对Zoeppritz方程组进行了简化，得到P-SV波反射系数表达式为

$$R_{PS}(\theta,\ \varphi)=-\frac{\alpha\tan\varphi}{2\beta}\left[\left(1-\frac{2\beta^2}{\alpha^2}\sin^2\theta+\frac{2\beta}{\alpha}\cos\theta\cos\varphi\right)\frac{\Delta\rho}{\rho}-\left(\frac{4\beta^2}{\alpha^2}\sin^2\theta-\frac{4\beta}{\alpha}\cos\theta\cos\varphi\right)\frac{\Delta\beta}{\beta}\right] \tag{8-14}$$

式（8-14）中，α为纵波速度，β为横波速度。周竹生利用 $\frac{1}{\cos\varphi}\approx\frac{1}{2}\sin^2\varphi+1$ 将式（8-14）简化为

$$R_{PS}(\theta,\ \varphi)=\left[-\frac{1}{2}(1+\frac{2\beta}{\alpha})\frac{\Delta\rho}{\rho}-\frac{2\beta}{\alpha}\frac{\Delta\beta}{\beta}\right]\sin\theta+\left[\frac{1}{2}\frac{\beta}{\alpha}\left(1+\frac{3}{2}\frac{\beta}{\alpha}\right)\frac{\Delta\rho}{\rho}+\frac{2\beta}{\alpha}\left(1+\frac{2\beta}{\alpha}\right)\frac{\Delta\beta}{\beta}\right]\sin^3\theta \tag{8-15}$$

甘永忠从Zoeppritz方程精确解出发，在入射角小于临界角的前提下，给出高精度P-SV波反射系数公式：

$$R_{PS}(\theta,\ \varphi)=\frac{\frac{\Delta\rho}{2\rho}\sin\theta+\left(\frac{2\Delta\beta}{\beta}+\frac{\Delta\rho}{\rho}\right)\sin\varphi\cos(\theta+\varphi)}{\cos\varphi} \tag{8-16}$$

若假设横波阻抗为 $N=\beta\rho$，进而可得到：

$$\frac{\Delta N}{N}=\frac{\Delta\rho}{\rho}+\frac{\Delta\beta}{\beta}$$

从而式（8-16）可改写成：

$$R_{PS}(\theta,\ \varphi)=-\frac{\alpha\tan\varphi}{2\beta}\left[\left(1+2\sin^2\varphi-\frac{2\beta}{\alpha}\cos\theta\cos\varphi\right)\frac{\Delta\rho}{\rho}-\left(4\sin^2\varphi-\frac{4\beta}{\alpha}\cos\theta\cos\varphi\right)\frac{\Delta N}{N}\right] \tag{8-17}$$

根据Gardner关系式 $\rho\approx\kappa\alpha^{1/4}$，同时两边求微分后可得到：$\frac{\Delta\rho}{\rho}=\frac{\Delta\alpha}{4\alpha}$。将式（8-17）写成P波波阻抗形式：

$$\frac{\Delta\rho}{\rho}=\frac{1}{5}\left(\frac{\Delta\rho}{\rho}+\frac{4\Delta\rho}{\rho}\right)=\frac{1}{5}\left(\frac{\Delta\rho}{\rho}+\frac{\Delta\alpha}{\alpha}\right)=\frac{1}{5}\frac{\Delta\Phi}{\Phi} \tag{8-18}$$

将式（8-18）再代入式（8-17），可得：

$$R_{PS}(\theta,\ \varphi)=-\frac{\alpha\tan\varphi}{10\beta}\left(1+2\sin^2\varphi-\frac{2\beta}{\alpha}\cos\theta\cos\varphi\right)\frac{\Delta\Phi}{\Phi}+\frac{\alpha\tan\varphi}{\beta}\left(2\sin^2\varphi-\frac{2\beta}{\alpha}\cos\theta\cos\varphi\right)\frac{\Delta N}{N} \tag{8-19}$$

要制作转换波合成记录，必须有纵波速度、横波速度和密度测井资料。由于QK18-2 地区P6井只有纵波测井资料，故横波测井资料只能根据经验公式由纵波测井资料转化而获得。一般常用的经验公式有如下4种：

① Smith经验公式：$v_p=1.45v_s+0.790$；

② 甘利灯经验公式：$v_p=1.35v_s+0.937$；

③ Castagna“泥岩线”经验公式：$v_p=1.360+1.16v_s$；

④ 李庆忠采用抛物线拟合，提出了如下经验公式：$v_p=0.0874v_s^2+0.994v_s+1.250$。

注：上述公式中，纵波与横波速度的单位都是km/s。

图8-10与图8-11分别是理论最小相位合成P-P波地震记录与实际零相位合成P-SV波地震记录。从图中可以看出：理论最小相位合成P-P波地震记录中，每条同相轴与原始剖面的同相轴对应得非常好；而在实际零相位合成P-SV波地震记录中，没有P-P波理想。其原因在于歧口地区18-2-P6井只有P-P波测井资料是全的（即含有P-P波速度与密度），而P-SV波测井资料只有密度资料，P-SV波测井资料速度是借用P-P波速度通过经验公式而得到的。

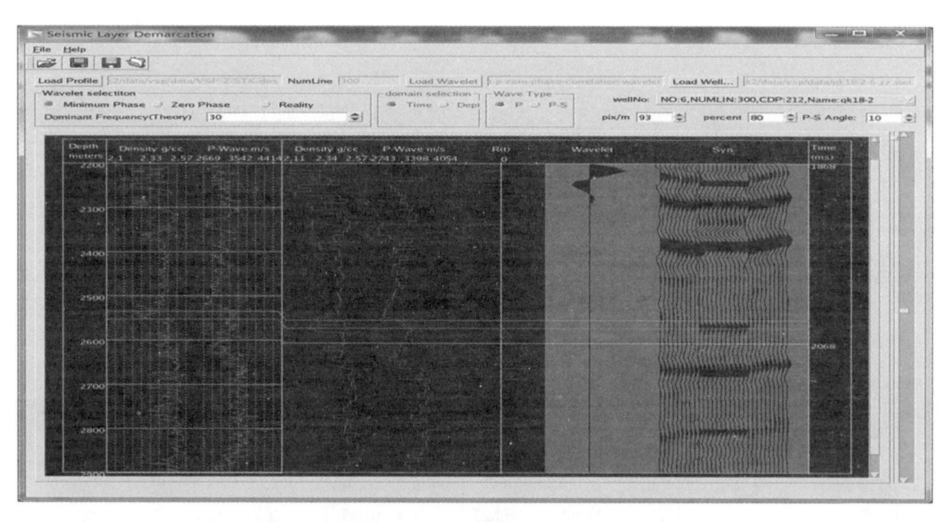

图8-10　理论最小相位合成P-P波地震记录

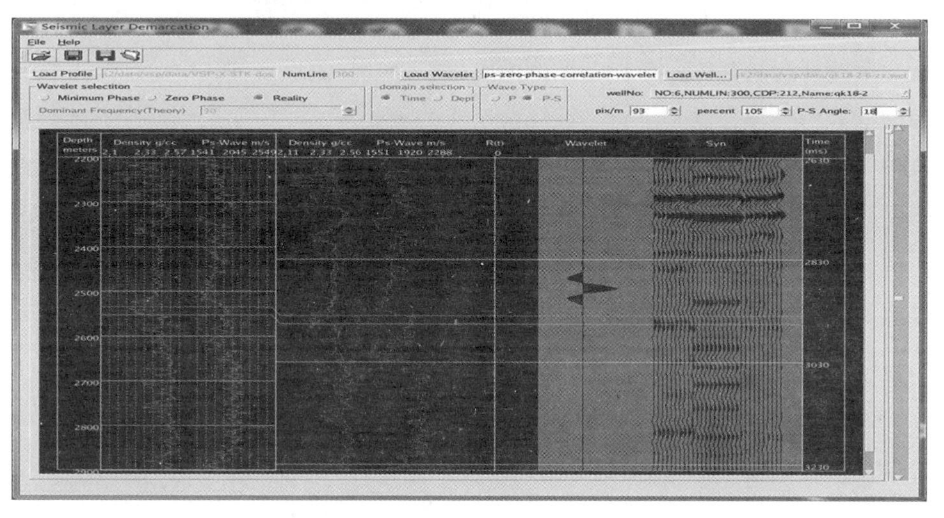

图8-11　实际零相位合成P-SV波地震记录

第9章　多波多分量层位对比与标定

层位标定是连接地质信息、测井与地震资料之间的桥梁，多波解释的首要任务就是转换波的地质层位标定。在对井旁标定层位后，就可以展开整个剖面的对比工作，这与常规解释基本相同；层位解释完成后，需要做多波解释的特殊工作——层位匹配。由于纵横波在同一地层介质中的传播速度不同，同一反射在时间剖面纵波和转换波进行联合地质目标体解释，须对纵横波进行层位匹配。通过匹配的P-P波和P-SV波剖面，就能得到目的层段的P-P波和P-SV波旅行时的对应关系，这是进行多波联合反演的重要基础。要使层位匹配，就得对横波的地震剖面进行压缩，使纵波、横波剖面方能较好地对应，从而有利于地质层位标定。

9.1　连井剖面对比

纵波与横波联合对比和解释的基本前提就是精确对比来自同一层位的P波和P-SV波。而连井剖面的对比无疑为同一层位P波和P-SV波对比提供比较可信的依据。连井剖面不但可为反射波对比提供比较可信的依据，而且能检验多波多分量地震记录合成质量的好坏。而合成地震记录质量又取决于子波的提取，故连井剖面从某种意义上可验证从剖面所提取子波的质量。

图9–1是实际子波合成P波地震记录连井剖面显示，图9–2是实际子波合成P-SV波地震记录连井剖面显示。

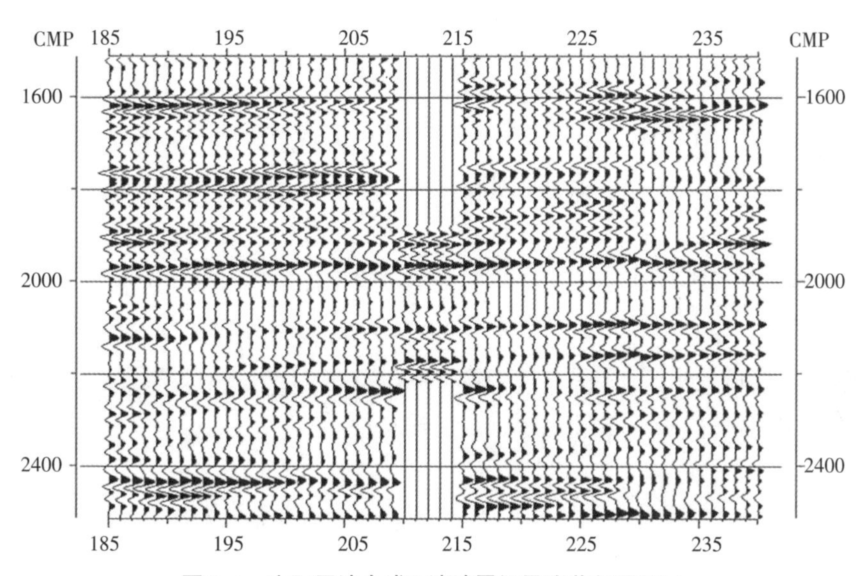

图9-1　实际子波合成P波地震记录连井剖面显示

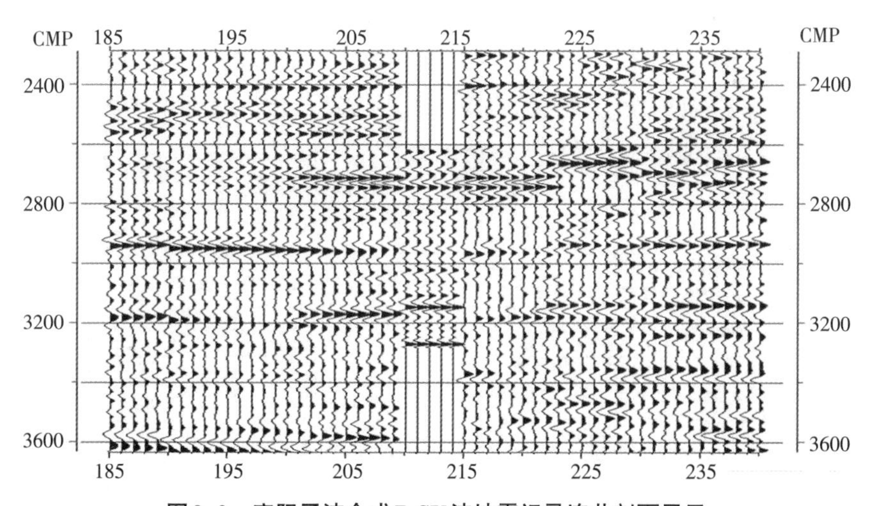

图9-2　实际子波合成P-SV波地震记录连井剖面显示

9.2　转换波剖面压缩

纵波剖面在适当压缩后，可以与转换波剖面有较明显的对应关系，进而得到物理上有实际意义的 $v_p/v_{p\text{-}sv}$。而在实际应用中，$v_{p\text{-}sv}/v_p$ 压缩因子时需要对所解释工区的地质背景（如岩性、地层年代等）有一定的了解。通常地质构造越单一，压缩效果越好。

界面上的纵波与横波反射系数不一样，因此不必把所有纵横波一一对应起来。但主要岩性界面还是比较相似的，所以可以寻找一些标志层来做参考点，再利用压缩因子压缩，从而建立两类剖面的对应关系。在完成纵波、转换波剖面的主要地质层位对比以后，按照纵波、横波速度比，对转换波剖面沿着时间轴进行压缩处理，以便与纵波剖面在相同时间坐标内进行对比分析。其具体压缩方法如下。

首先，在时间剖面上找P波与P-SV波特征明显相对应反射层，一般借助于时深转化表与肉眼的观察两方面共同确定。

其次，根据两种波的传播路径相似，其传播时间比等于传播速度比的特点，在转换波时间剖面上将相对应地层沿着时间轴变化，根据速度比值进行压缩显示。

最后，从第一个对应层开始将剖面上特征明显的反射地层逐个计算压缩，得到整个剖面的压缩图。当然，对应的层位越多，相应的压缩效果越好，经压缩后的转换波剖面与纵波剖面的对应相对来说也比较好。图9-3是压缩前（P波与P-SV波）的地震剖面，图9-4是压缩后（P波与P-SV波）的地震剖面。

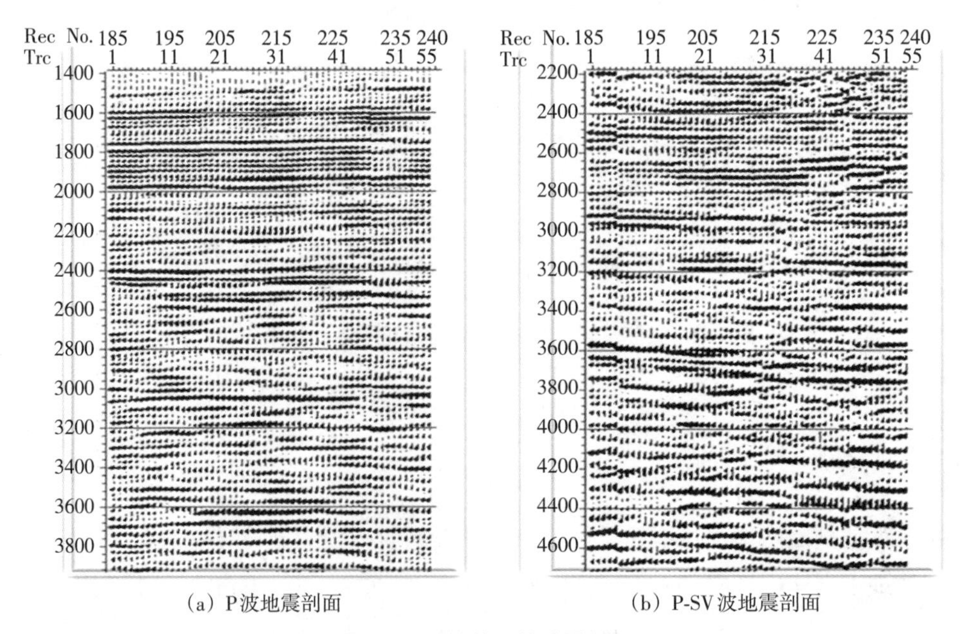

图9-3　压缩前原始地震剖面

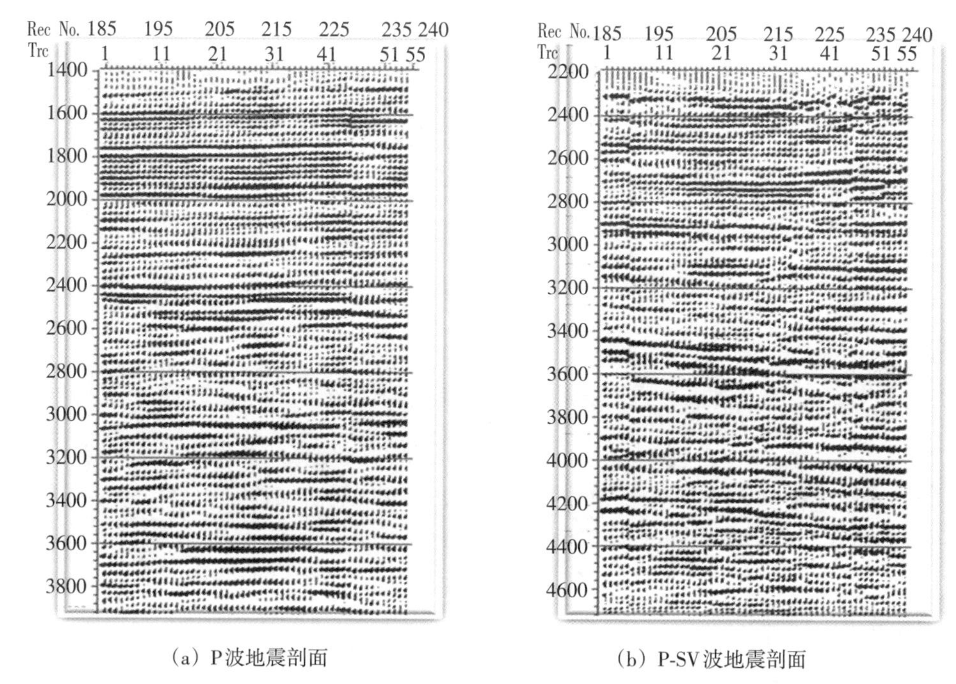

（a）P波地震剖面　　（b）P-SV波地震剖面

图9-4　压缩后的地震剖面

从图9-4可以看到，P波地震剖面与P-SV波地震剖面明显不同，因为P-SV波地震记录存在着时延，因此P波地震剖面与P-SV波地震剖面不能相对应。

9.3　层位对比与标定

利用VSP资料可以较好地解决地面多分量转换波的层位标定问题。其基本原理和方法是：首先，利用水平分量的下行横波获得横波初至，用水平分量的上行转换波获得下行转换波的双程时间剖面，再用垂直分量剖面获得纵波初至；其次，由纵波初至与横波初至得到转换波的时深关系；最后，通过转换波的时深关系和双程时间剖面对过井转换波剖面进行层位标定。

层位标定的方法主要有以下三种：一是根据纵波、横波的VSP进行标定；二是根据总横波资料中所具有相同的构造特征进行层位标定；三是将纵波和横波剖面转换成深度剖面，直接进行纵波和横波剖面的对比。本书通过对比解释P-P波和P-SV波两个剖面图，交互进行P-SV波剖面的压缩，使观察点的P-SV

波剖面与P-P波剖面时间一致。

纵波及转换波的层位匹配是多分量地震资料解释的基础工作，也是比较关键的一步，它完成得好坏直接影响到最终反演的效果和地震属性提取的正确性。从图9-5可以看到，P-SV波地震剖面经过压缩后，P波地震剖面与P-SV波地震剖面消除了时延，时间刻度相对应；在Layer-1至Layer-5，层位比较匹配。

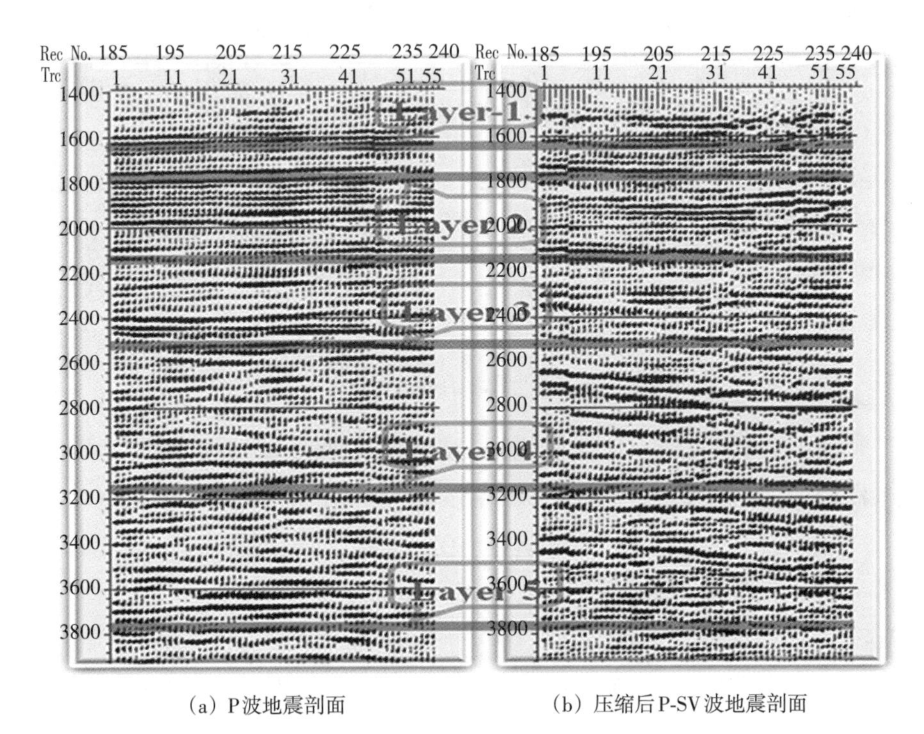

（a）P波地震剖面　　（b）压缩后P-SV波地震剖面

图9-5　地震剖面

图9-6与图9-7分别是纵波标定和横波标定，图9-8与图9-9分别是歧口地区（QK18-2-P6井Line：300　CMP：212）东西向纵波与横波地震剖面。

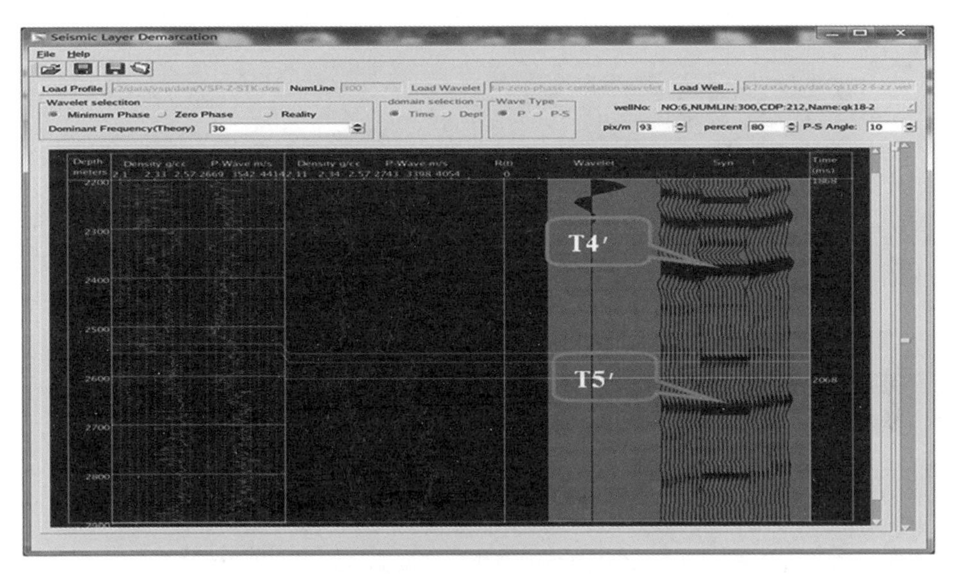

图9-6　纵波标定

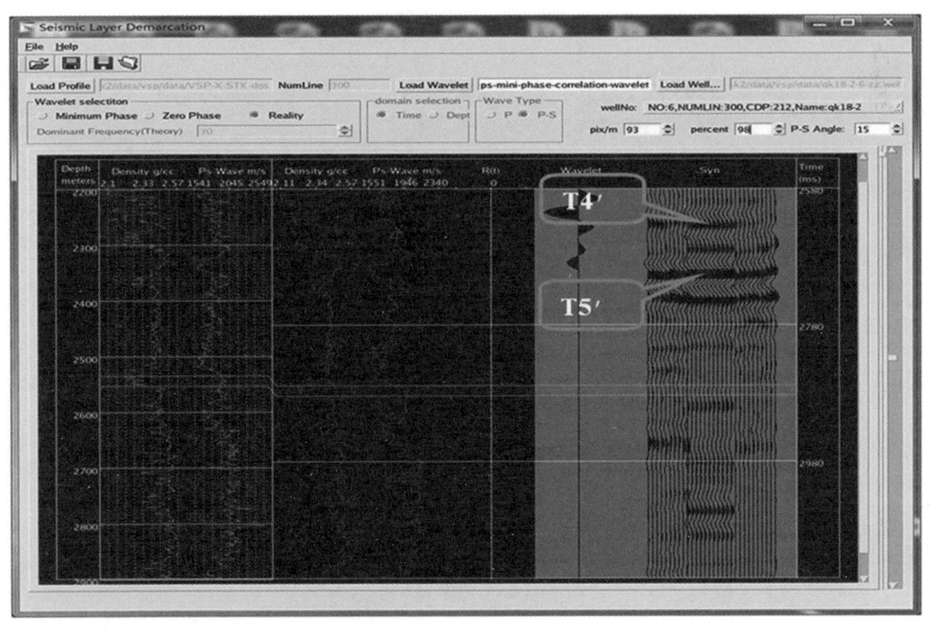

图9-7　横波标定

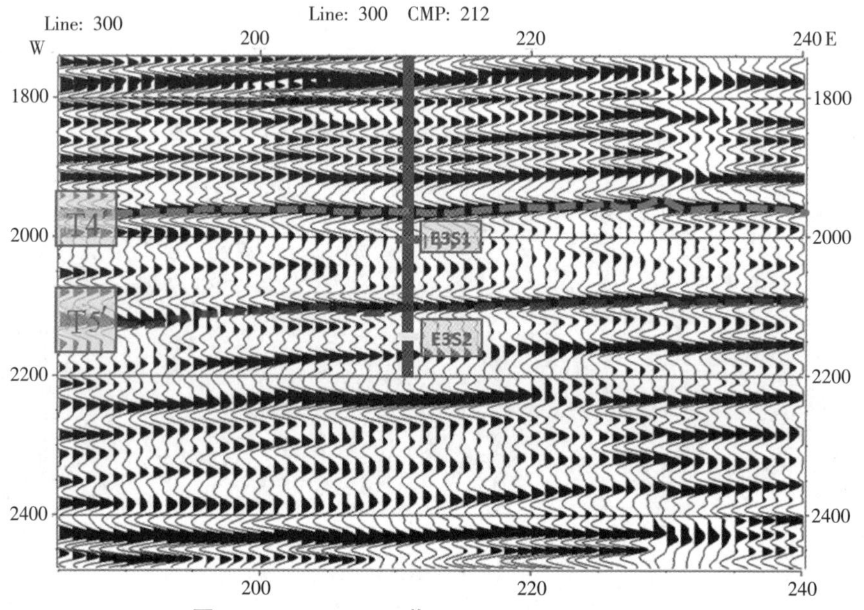

图9-8 QK18-2-P6井 Line：300 CMP：212
东西向纵波地震剖面

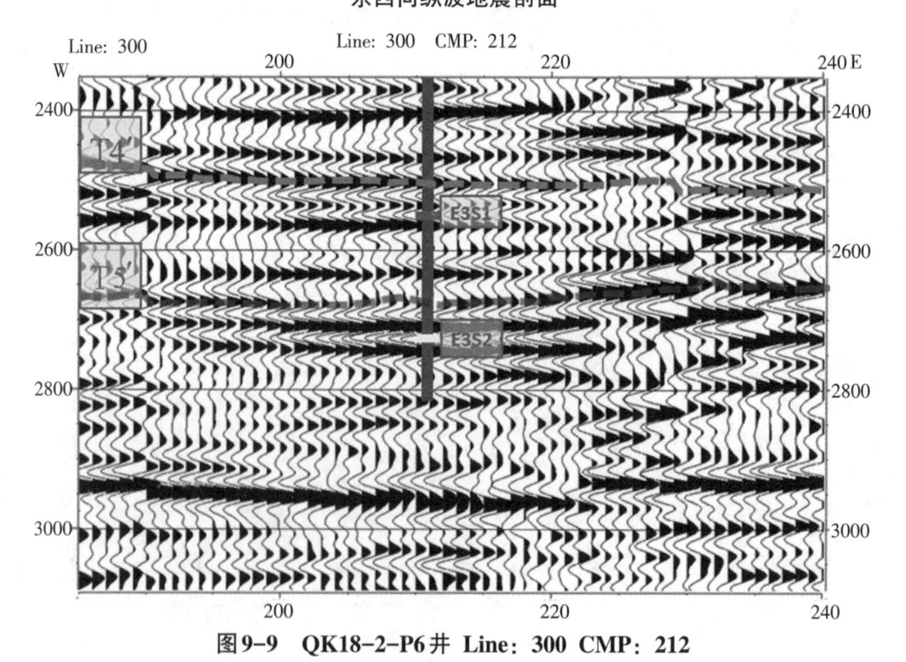

图9-9 QK18-2-P6井 Line：300 CMP：212
东西向横波地震剖面

注：利用T4′和T5′这两个反射层结合井点分层数据，换算各油组顶面构造图；沙一段一油组和沙二段一油组由T4′反射层换算；沙二段二至五油组和沙三段一油组由T5′反射层换算。

第10章 歧口18-2油田储层预测

10.1 地震频谱分析基础

频谱分析技术中的一种重要属性特征就是频率吸收衰减，它既是指地震波在地下介质传播中总能量的损失，也是介质本身固有的属性。引起地震波吸收衰减的因素是介质中固体与固体、固体与流体、流体与流体界面之间的能量耗损。理论研究与实际应用证明，在地质体中当孔隙发育充填油、气、水（尤其对于含气的情况）时，地震反射吸收会加大，同时高频吸收衰减会加剧，含油气地层吸收系数可比不含油气相同岩性地层高出几倍甚至可以达到一个数量级。

在频率属性中，能比较敏感地反映烃类属性为频率衰减梯度，而此处的“频率衰减梯度”是指在频谱分解基础上的高频端振幅包络的拟合斜率。

由图10-1和图10-2可看出：随着传播时间的增加，主频会左移使其频带变窄；地震反射的时间延续度（即时宽）会增加，而同相轴则会变宽，即地震波的能量、波形和频率均发生了相应的变化。

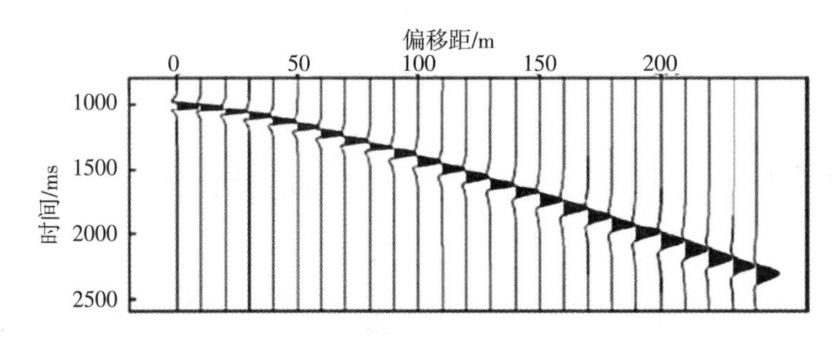

图10-1 偏移距时间切片

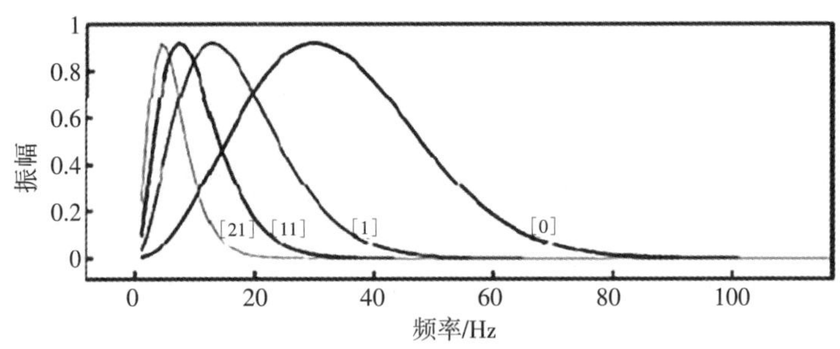

图10-2 吸收造成的频谱衰减

10.2 振幅比与频率比预测

振幅比（即纵波P与转换波P-SV的绝对振幅平均能量的加权平均比值）与频率比（即纵波P与转换波P-SV的加权平均瞬时频率比值）是地震资料中的重要参数。纵波P与转换横波P-SV的振幅比直接反映了纵波与转换横波之间的振幅大小与相位关系；同时，振幅比与地层的各向异性和应力场异常及含油气性是紧密相关的，在较大程度上反映了地下介质的物性参数。

10.2.1 地震资料振幅比与频率比

拾取同相轴法主要通过在目的层位拾取同相轴数据后，进行二维离散傅里叶变换，拾取P波和P-SV波的同相轴的数据，然后求取P波与P-SV波的振幅比与频率比。同相轴法拾取振幅比与频率比程序设计流程如图10-3所示。

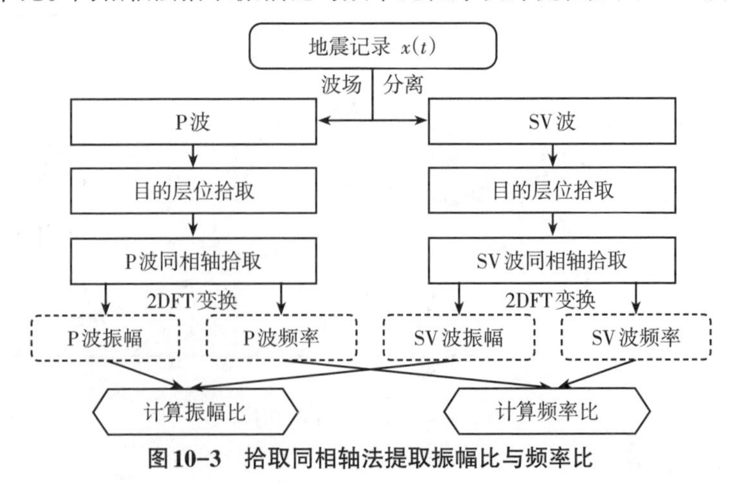

图10-3 拾取同相轴法提取振幅比与频率比

10.2.2　资料处理及其异常预测

振幅比与频率比是在完成两种剖面的同相轴对比后，在一定时间段内计算两种波的振幅比。由于P波速度与地层中孔隙性岩石的骨架、孔隙度、孔隙中流体的性质有关，而转换波速度仅与岩石骨架有关，一般情况下，在含气地层中P波的反射振幅变弱，而P-SV波的反射振幅正常，纵波与横波的振幅比与频率比出现异常，这种异常反射特征通常被称为气藏反射。

在下述图中，图10-4是3D-VSP模型记录（2000×30，道长为30 m，2000个采样点的VSP地震记录），图10-4（b）和图10-4（c）是用波场分离后的P波、P-SV波；图10-5（a）与图10-6（a）分别是拾取同相轴振幅比的二维与三维显示剖面，图10-5（b）与图10-6（b）分别是拾取同相轴频率比的

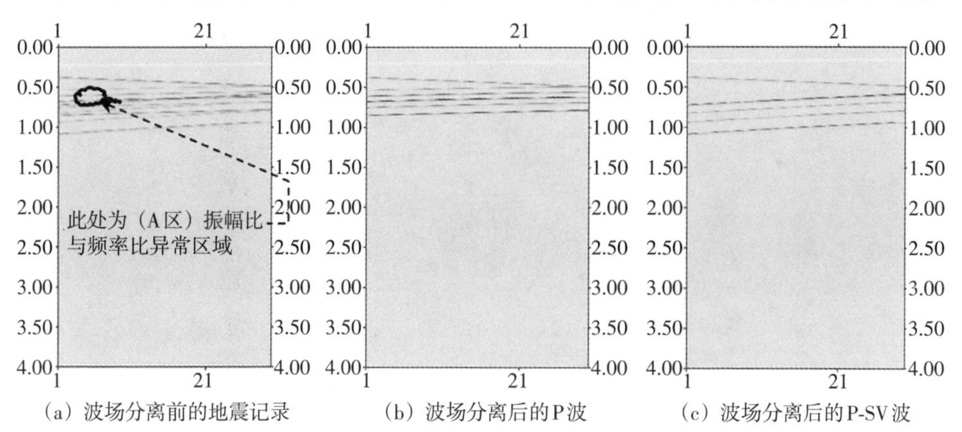

（a）波场分离前的地震记录　（b）波场分离后的P波　（c）波场分离后的P-SV波

图10-4　模型波场与分离后的模型波场

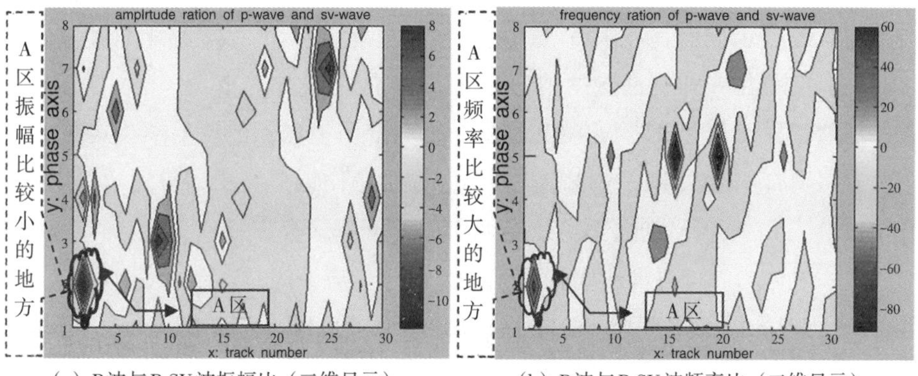

（a）P波与P-SV波振幅比（二维显示）　（b）P波与P-SV波频率比（二维显示）

图10-5　振幅比与频率比（二维显示）

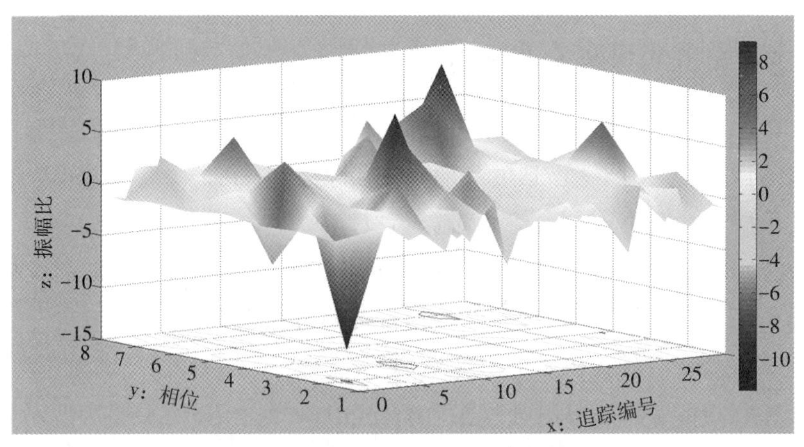

（a）P波与P-SV波振幅比（三维显示）

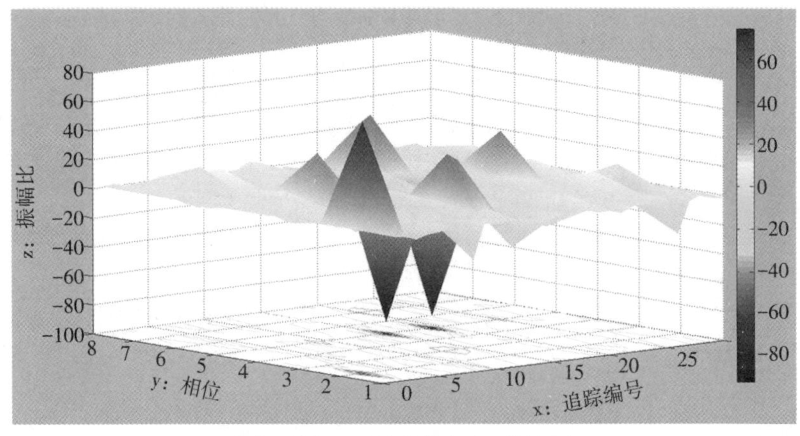

（b）P波与P-SV波频率比（三维显示）

图10-6　振幅比与频率比（三维显示）

二维与三维显示剖面。在图10-5中，等值线颜色较深的为振幅比与频率比异常部分；在图10-6中，凸起的锥形为振幅比与频率比异常部分。

所谓正异常，是P波与P-SV波在振幅比剖面上显示的反射层位表现为一致，表明垂直速度与横向速度变化反映相同的地质层位。所谓负异常，则是P波与P-SV波在振幅比剖面上显示的反射层位反相或存在相位错动，这种现象的产生一般分布在水平剪应力异常带上。由于剪应力对P波传播没有影响，使得P-SV波的传播加快或减慢，进而产生与P波的相位差。在地质上，剪应力异常带一般对应于断裂发育带或岩性相变带。在VSP资料中，一般含气的密度比含水砂岩的密度小得多。从图10-5（a）与图10-6（a）可知A区的振幅比比较低，而图10-5（b）与图10-6（b）频率比非常大，故此处［图10-4（a）所示区域］含油气可能性非常高。

下面是QK18-2地区实际地震剖面的振幅比与频率比处理结果。由图10-9与图10-10可知：图10-7与图10-8所示A区是振幅比与频率比异常的区域，含油气的可能性非常高；此处异常与前面测井解释结果一致，也与歧口18-2地区已有解释成果一致。

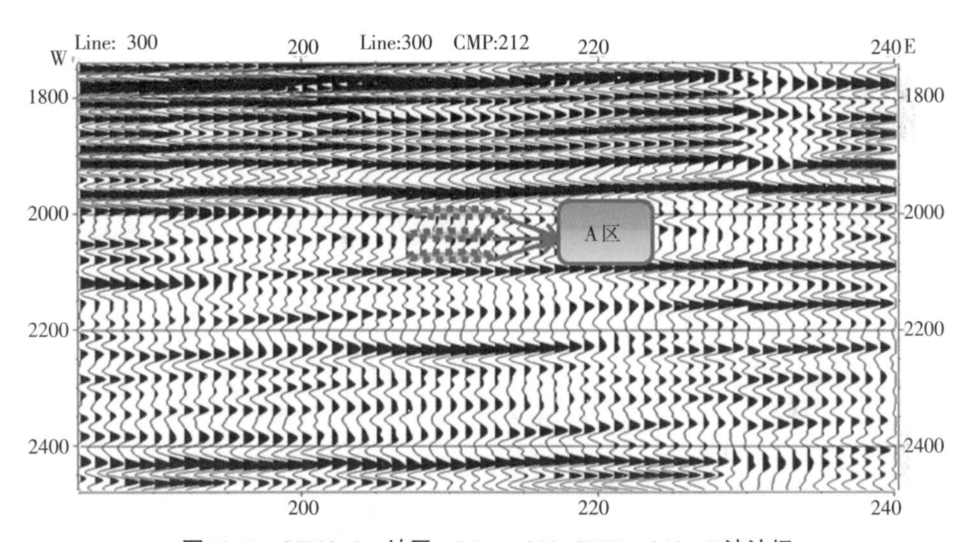

图10-7　QK18-2　地区：Line：300　CMP：212　P波波场

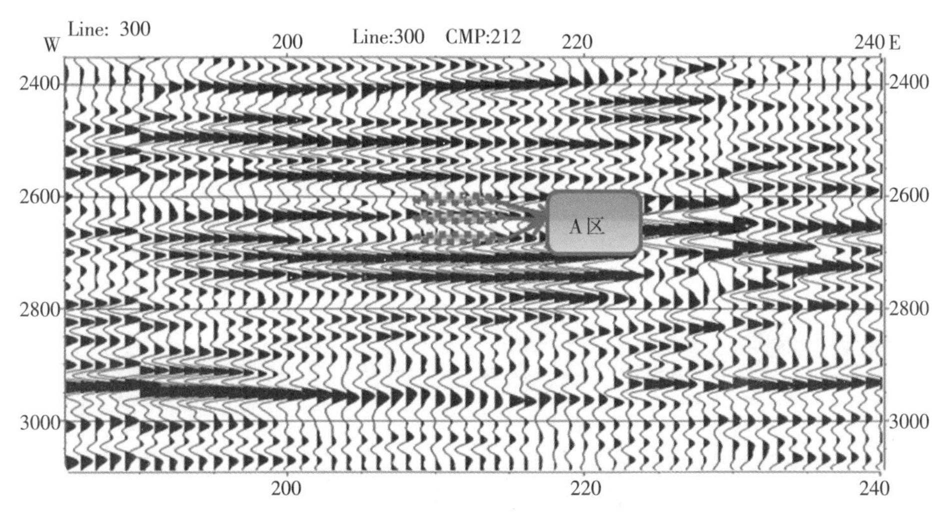

图10-8　QK18-2　地区：Line：300　CMP：212　P-SV波波场

图10-9与图10-10分别是QK18-2地区：Line：300 CMP：212的振幅比与频率比。同相轴P波时间区间为1900～2300 ms；P-SV波时间区间为2450～2950 ms。

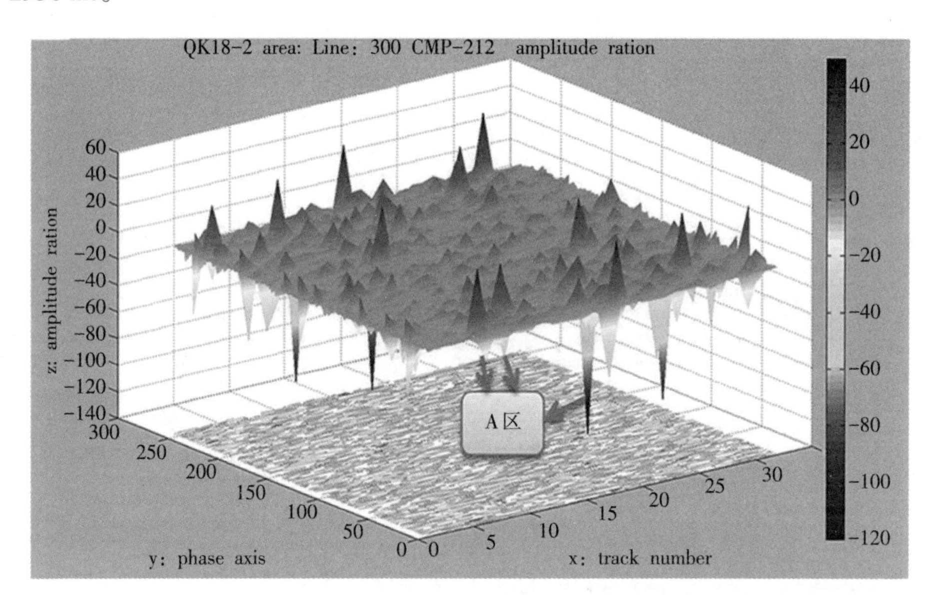

图10-9 QK18-2 地区：Line：300 CMP：212 振幅比（三维显示）

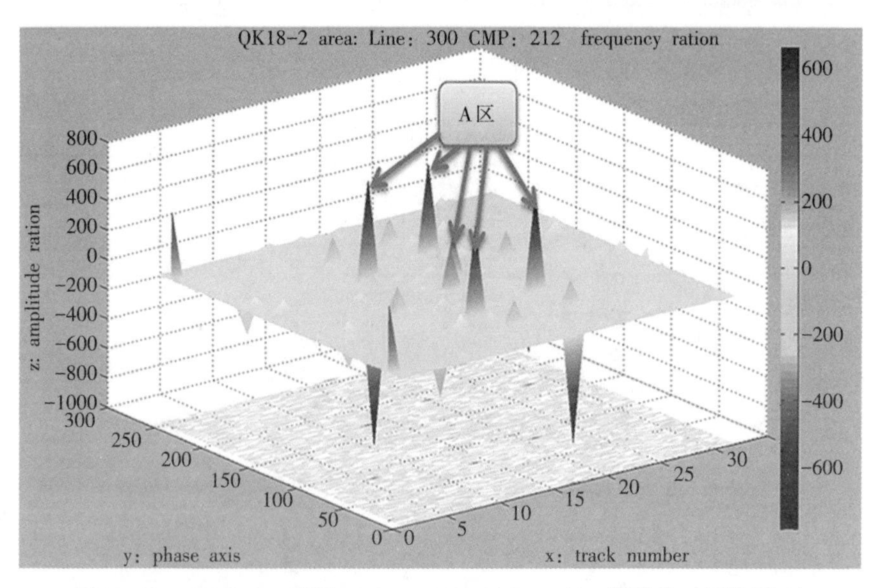

图10-10 QK18-2 地区：Line：300 CMP：212 频率比（三维显示）

10.3　AVO分析方法简介

AVO分析技术主要通过反射振幅随炮检距变化特征来反演和分析岩性，用不同岩性泊松比差异所形成的AVO特征响应，进行油气检测与油气藏描述，区分波阻抗相近的储层与非储层，揭示反射振幅变化规律与地层弹性参数的关系。AVO技术对各种储层的岩性和油气参数的敏感性存在着较大的差异，根据这些差异再结合三维地震数据体沿层的各种属性（如P波、P-SV波、梯度G、岩石的柏松比σ等），可以间接达到对储层岩性、物性和含油研究的目的。其中，梯度G是一种指示岩石孔隙内的流体性质参数，泊松比σ为一种反映岩石孔隙内流体性质参数，P波是一种能反映岩石孔隙内流体性质的参数，而P-SV波则是一种可反映沉积相带及储层发育带的参数。

若要从地震信息中提取岩性参数、预测岩性、烃类及进行定量进行油气藏描述，必须根据地震波反射和透射理论对振幅系数随入射角变化与分界面两侧介质的参数进行分析。因为，通过对叠前地震信息随炮检距变化特征的分析可揭示岩性与油气的关系，其处理结果可用于AVO反演与叠后分析。

目前用多波多分量技术识别气藏的主要方法有：

（1）纵波与横波剖面的直接对比。当地层含气以后，同一气层的纵横波反射在纵波剖面上很可能会出现平点、亮点或者暗点异常；而同一气层的纵横波反射在横波剖面上则不会出现平点、亮点或者暗点异常现象。

（2）纵波与横波的速度比值法。AVO反演可以得到纵波与横波速度的比值，而利用3D-VSP多波勘探可以克服AVO反演的多解性，通过纵横波剖面的层位对比直接获得纵波与横波的速度比值。当存在气藏时，其比值出现低异常。

（3）直接求取泊松比法、吸收系数法。根据纵波与横波的相似性，直接求取泊松比法、吸收系数法可使纵波与横波的联合对比和解释成为可能。

10.4　AVO属性储层预测

在对歧口18-2地区利用AVO属性进行储层预测时，需对所解释工区的地质（特别是钻井地质）测井资料进行全面的了解。而对速度变化因素及AVO

效应的影响需进行仔细分析，否则，容易造成解释的误差。

10.4.1 含气砂岩的AVO特性

（1）第一类高阻抗含气砂岩（图10-11）。第一类高阻抗含气砂岩的波阻抗高于上覆岩石的波阻抗。当岩石在经受中度或高度压实作用后，法线入射时往往具有较高的正反射系数。反射系数的值随着入射角的增大而减小，当越过零线后，虽然反射系数变为负值，但反射系数的绝对值随着入射角的增大而变大。当入射角足够大时，在CMP道集上可以看到反射振幅极性的反转；而反射振幅经过叠加后，由于极性反转使其能量相互抵消，因而在叠加剖面上看不到明显的反射，这就是所谓“暗点”；当入射角较小时，CDP道集上通常只能看到振幅随入射角的增加而减少，基本上看不到极性反转，CDP道集的叠加道上呈现所谓“亮点”反射。暗点可以用AVO分析识别，而亮点则很难用AVO分析识别到。

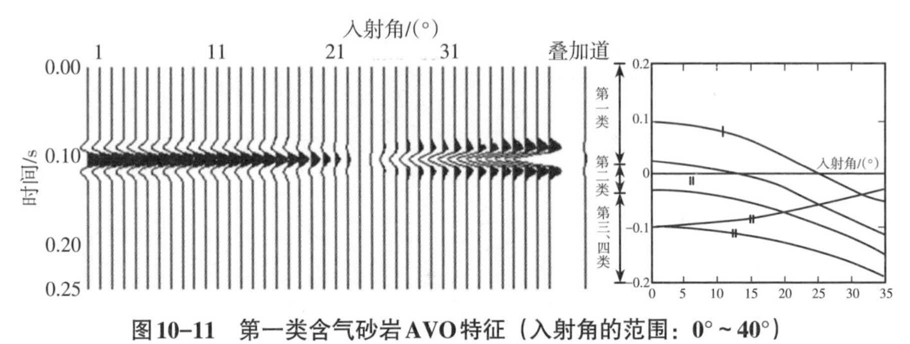

图10-11 第一类含气砂岩AVO特征（入射角的范围：0°～40°）

（2）第二类高阻抗含气砂岩（包含两种情况）（图10-12、图10-13）。第二类高阻抗含气砂岩几乎具有与上覆介质相同的波阻抗，通常是在中度压实与固结作用下形成。当法线入射时，反射系数基本趋近于零，包括以下两种情况。

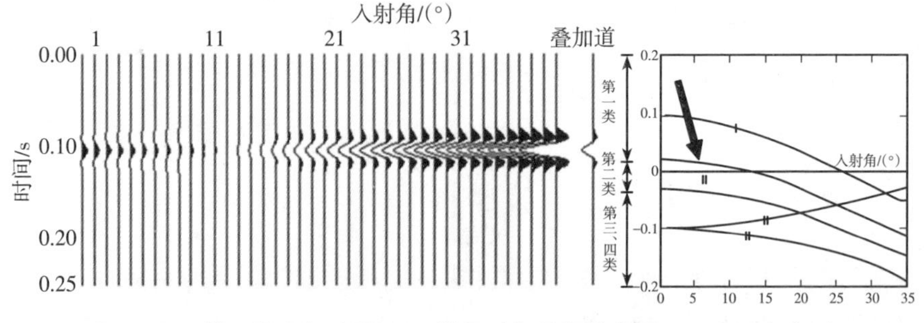

图10-12 第二类含气砂岩AVO特征（入射角的范围：0°～40°）（一）

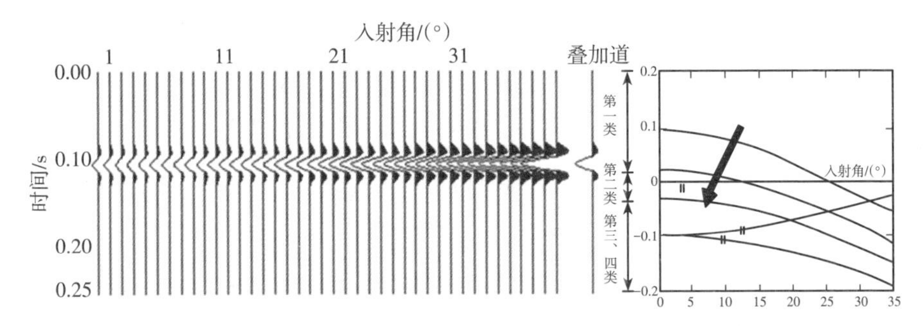

图10-13　第二类含气砂岩AVO特征（入射角的范围：0°~40°）（二）

第一种情况：当法线入射时，反射系数略大于零；随着入射角的增大，反射系数由正值逐渐变为负值，即反射系数的绝对值先减小后增大。

第二种情况：当法线入射时，反射系数略小于零；随着入射角的增大，反射系数的绝对值逐渐增大。在实际记录上近炮检距处（包括可能存在极性反转的情况下）由于受噪声的影响，反射振幅通常是看不到的。但在一定的炮检距后，能明显看到随着振幅的增加，反射系数有相对较大的变化。此时，可以用AVO预测这类砂岩。

（3）第三类高阻抗含气砂岩（图10-14）。第三类高阻抗含气砂岩的波阻抗低于上覆介质的波阻抗，此类砂岩通常是因压实不足和未固结（或未完全固结）形成的。这类含气砂岩与AVO特性曲线有关，即这类砂岩（包括法线入射在内）的全部反射系数都为负值，其反射系数的绝对值随入射角的增加而增大。因此，绝大部分的气藏可用AVO技术发现。由于第三类含气砂岩的相对振幅变化小于第二类含气砂岩，故能在叠加剖面上看到这类砂岩形成的异常，即所谓“亮点”，因此这类气藏可用AVO曲线识别。

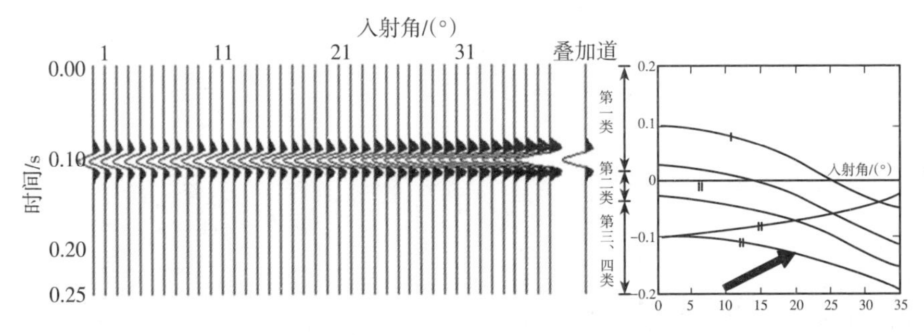

图10-14　第三类含气砂岩AVO特征（入射角的范围：0°~40°）

（4）第四类高阻抗含气砂岩（图10–15）。第四类高阻抗含气砂岩的反射系数随着入射角变化趋势不同于前述三类砂岩，通常属于未固结或压实不足的多孔砂岩。与上一类砂岩相比，唯一不同的是该类砂岩的上覆是高速介质（如粉砂岩、硅质泥岩、钙质泥岩、碳酸岩或致密胶结的砂岩等）。Castagna在1989年指出，当低阻含气砂岩的上覆是泥岩时，法线入射时的反射系数应为负值；随着入射角的不断增加，其反射系数绝对值会不断增大。地震道集上表现为：反射振幅随入射角的逐渐增加而变大。当致密的高速介质覆盖低阻含气砂岩时，法线入射时的反射系数仍然为负值，而反射系数的绝对值随着入射角的增大而逐渐减小。地震道集上表现为：反射振幅随入射角的增大而减小，即便在砂岩本身性质相同的情况下，反射系数随入射角的变化曲线也会因上覆介质性质的不同而不同。

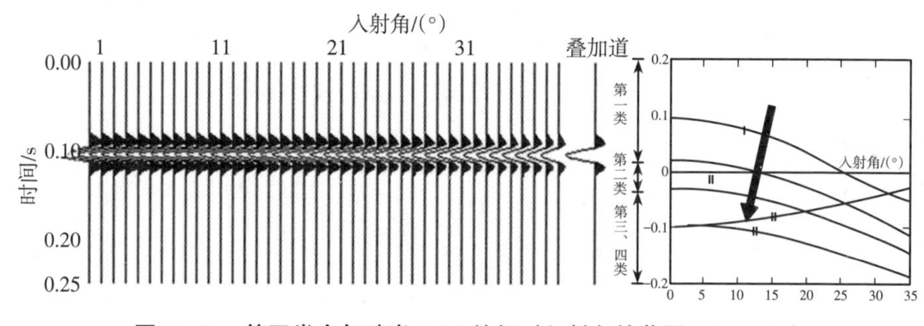

图10–15　第四类含气砂岩AVO特征（入射角的范围：0°～40°）

综上所述，砂岩的反射系数与入射角的关系因受多种因素影响而变得极其复杂，其叠加剖面上所谓的“暗点”与“亮点”易受采集信号的长度、界面上下参数值等多种因素的影响，AVO技术对岩性的研究并不能直接预测油气藏，只能提供参考。

10.4.2　多参数岩性储层预测

地震属性之间可能有非常复杂的关系，有些属性是线性相关的，关联度很高；有些属性是互补关系；而有些属性可能会产生相互矛盾的结果。多属性综合信息预测将是属性发展的一个主要方向。大量属性的出现促进了多属性联合分析技术的发展，神经网络、聚类分析、协方差分析等使用地震属性分类学，使地震属性的应用技术又上了一个新台阶。三维地震属性的提取和分析为三维的储层表征和三维解释的定量化提供了条件。

但不同的岩石物理参数有着不同的岩石物理特性，它们反映流体特征的灵敏度或储层差异很大。解释工作者唯有对不同岩石物理参数的特征进行系统的分析、充分理解和把握储层段的岩石物理特征之后，才能建立岩石物理参数与储层特征的关系、预测储层与进行油气检测。

在QK18-2地区利用三维叠前P波CMP资料和转换波CCP资料反演出纵波速度、横波速度和密度。图10-16为QK18-2地区三维数据体300线岩性参数反演剖面。

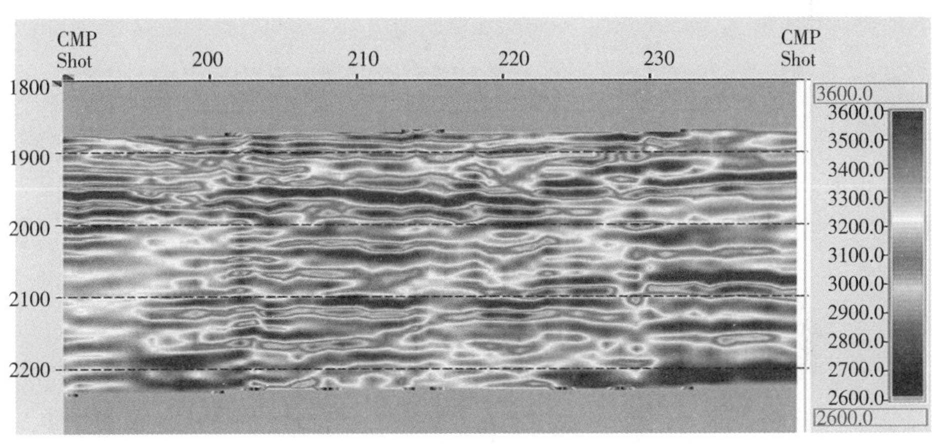

（a）纵波速度反演剖面

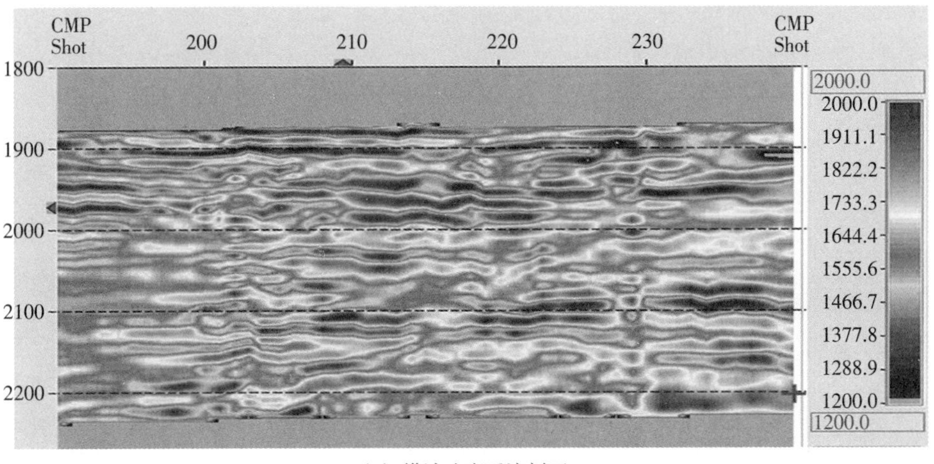

（b）横波速度反演剖面

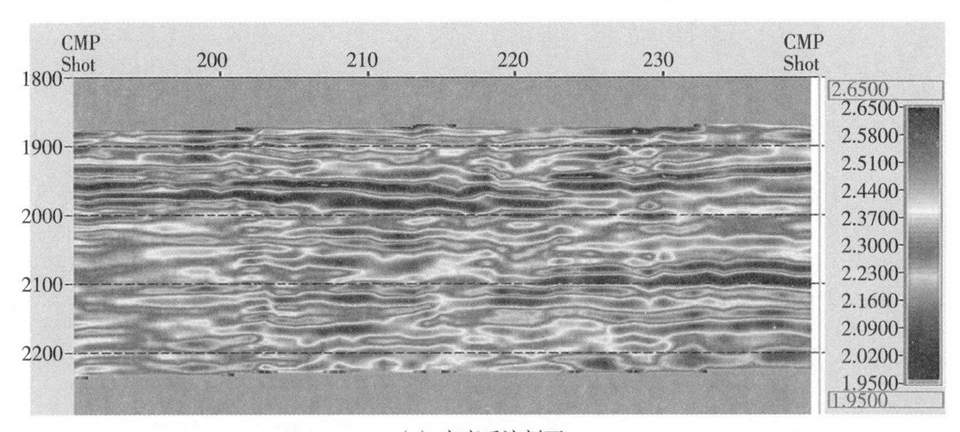

（c）密度反演剖面

图10-16　QK18-2地区300线岩性参数反演剖面

在QK18-2地区利用叠前P波CMP资料和转换波CCP资料反演得到纵波速度、横波速度和密度后采用岩石物理公式计算出其他弹性参数；图10-17为QK18-2地区300线反演的弹性参数剖面，依次为纵横波速度比、泊松比、拉梅常数、剪切模量、体积模量和声波阻抗。

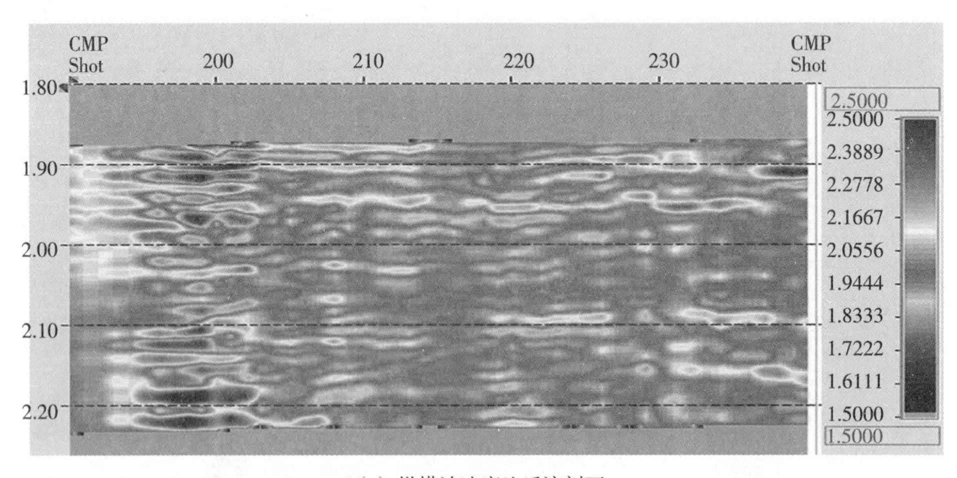

（a）纵横波速度比反演剖面

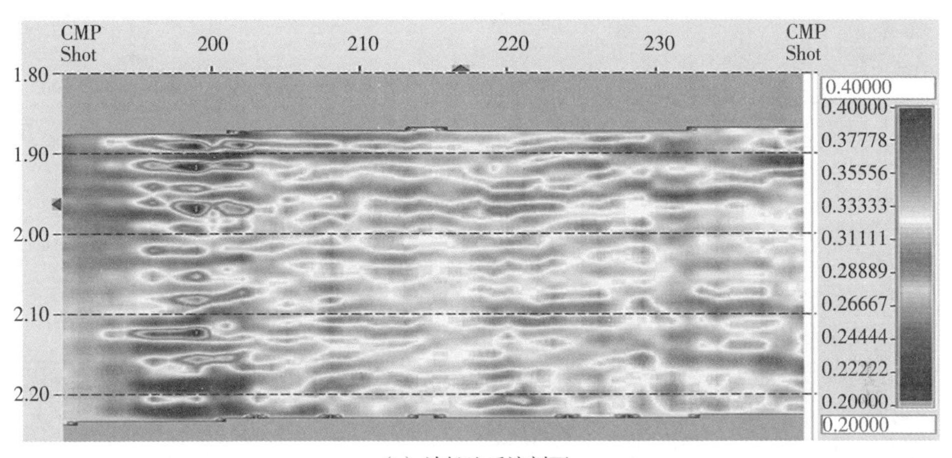

（b）泊松比反演剖面

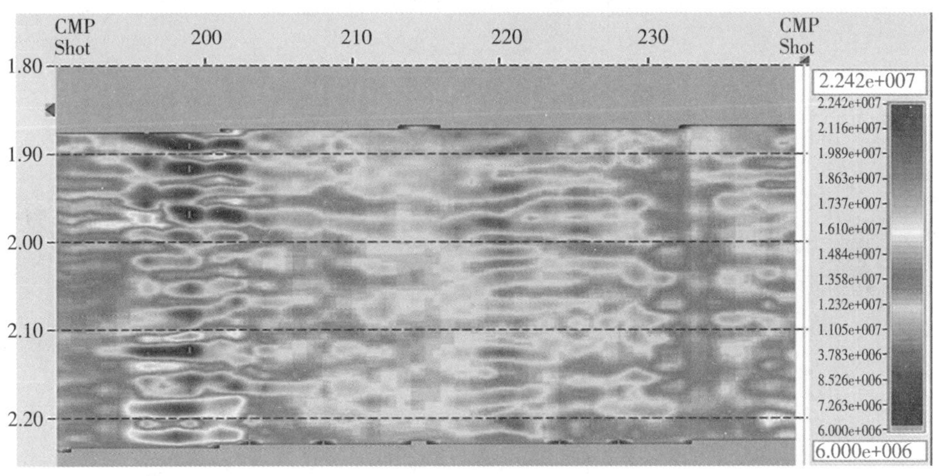

（c）拉梅常数反演剖面

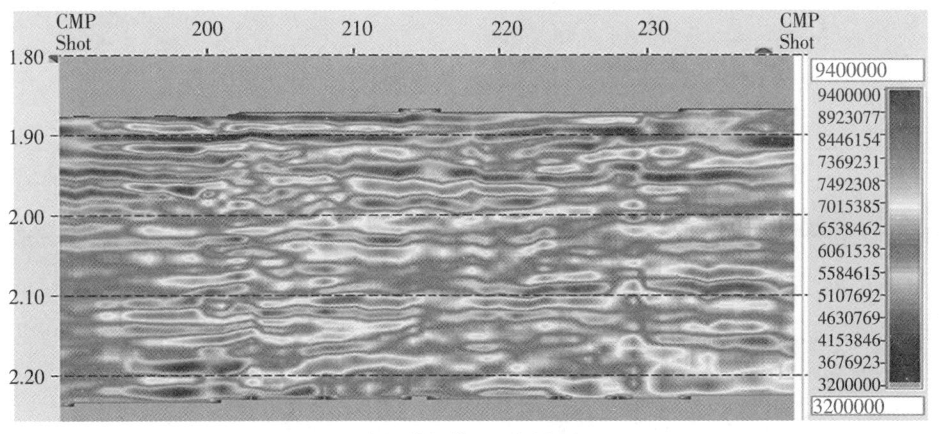

（d）剪切模量反演剖面

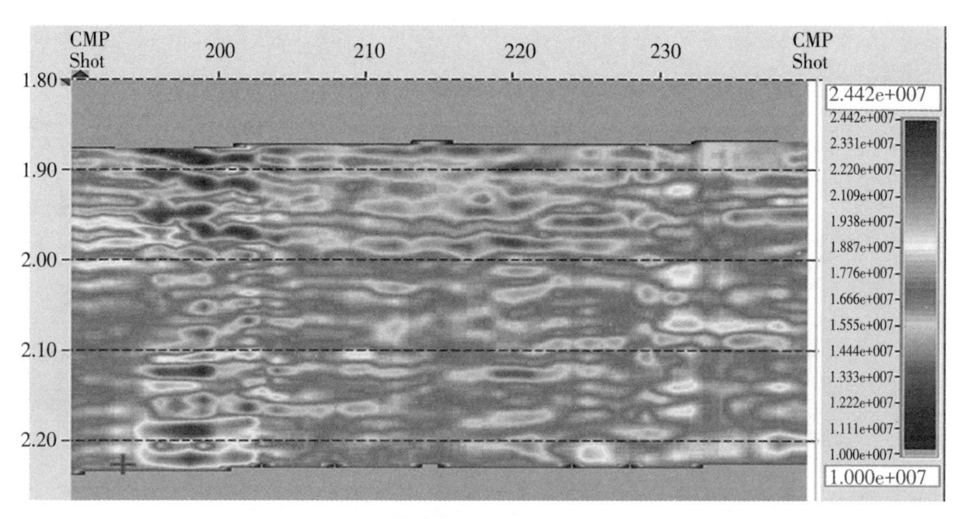

（e）体积模量反演剖面

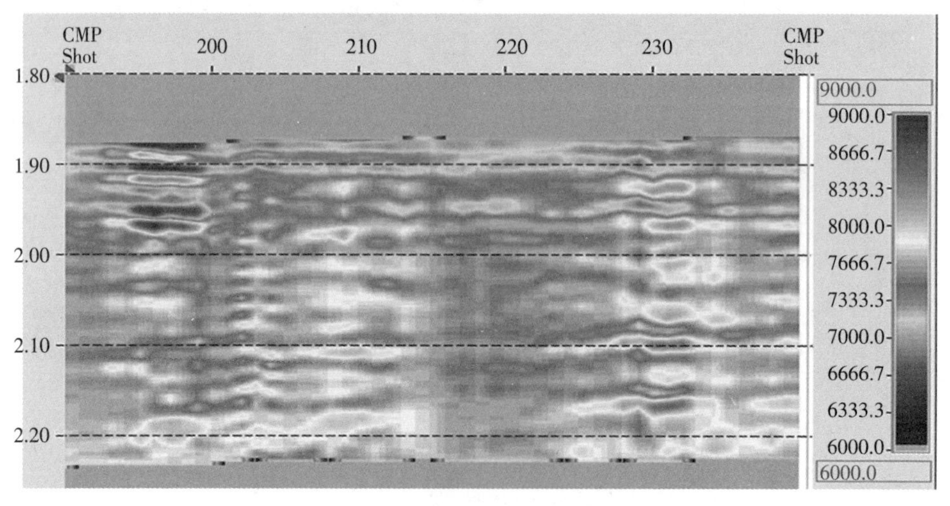

（f）声波阻抗反演剖面

图10-17　QK18-2地区300线弹性参数反演剖面

通过对属性体含油目标层的标定，可以较为准确地锁定目标与落实砂体展布，为沉积相预测和油气藏有利区划分提供依据。根据测井资料的岩石物理成果，不同层位应该有不同的标准，本书对QK18-2地区300线的E3s1目的层的含气砂岩进行了描述。在确定含油砂岩石解释标准时，本书主要考虑了以下两个方面的因素：

① 测井资料的岩石物理研究成果；

② 实际反演得到的弹性参数对岩性和流体的敏感性程度。

针对E3s1目的层的岩石物理研究成果，选取了剪切模量（图10-18）和弹性阻抗梯度（图10-19）两个弹性参数进行描述。在该目的层中，剪切模量响应表现为低值，而含气砂岩的弹性阻抗梯度响应表现为高值，这与第8章测井解释结果一致，也与歧口18-2地区已有解释成果一致。

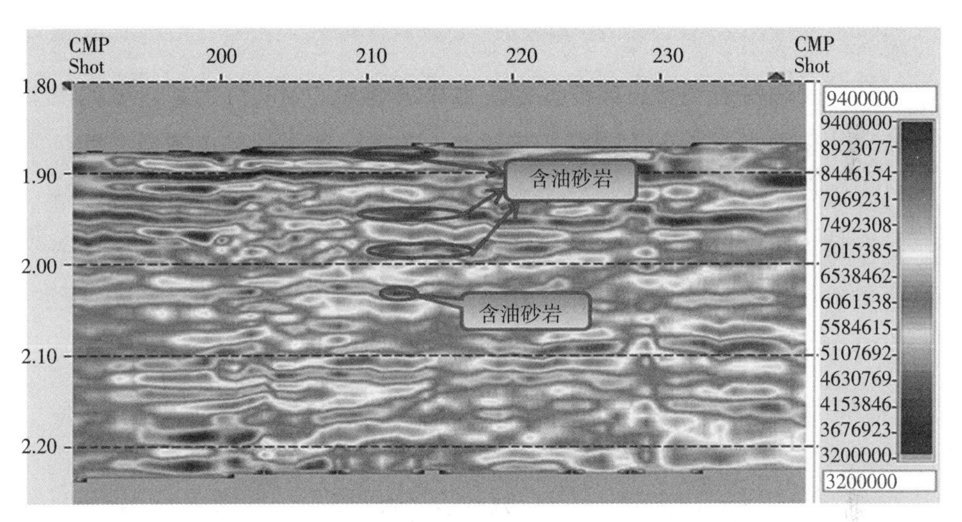

图10-18　剪切模量含油砂岩识别

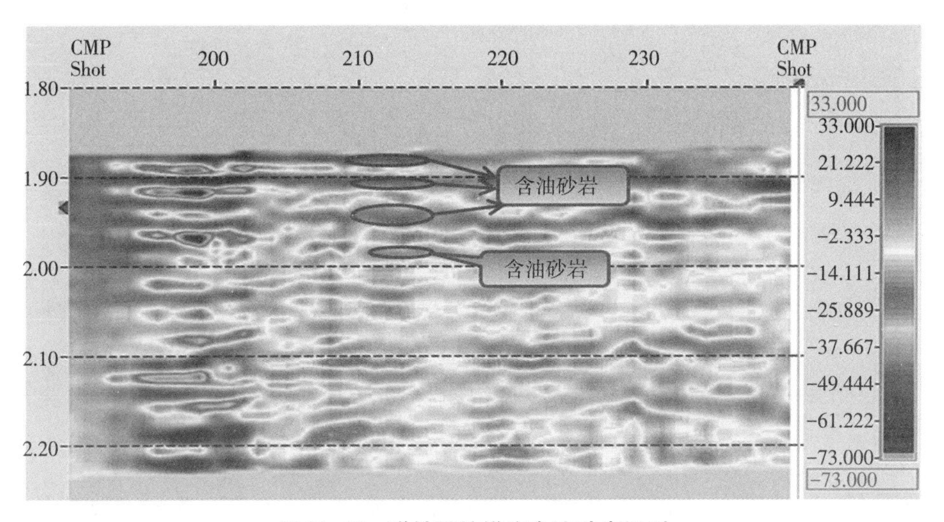

图10-19　弹性阻抗梯度含油砂岩识别

根据已有的解释结果，对QK18-2地区P6井资料300线地震数据反演结果进行储层匹配（图10-20），反演结果有较好的特征响应。

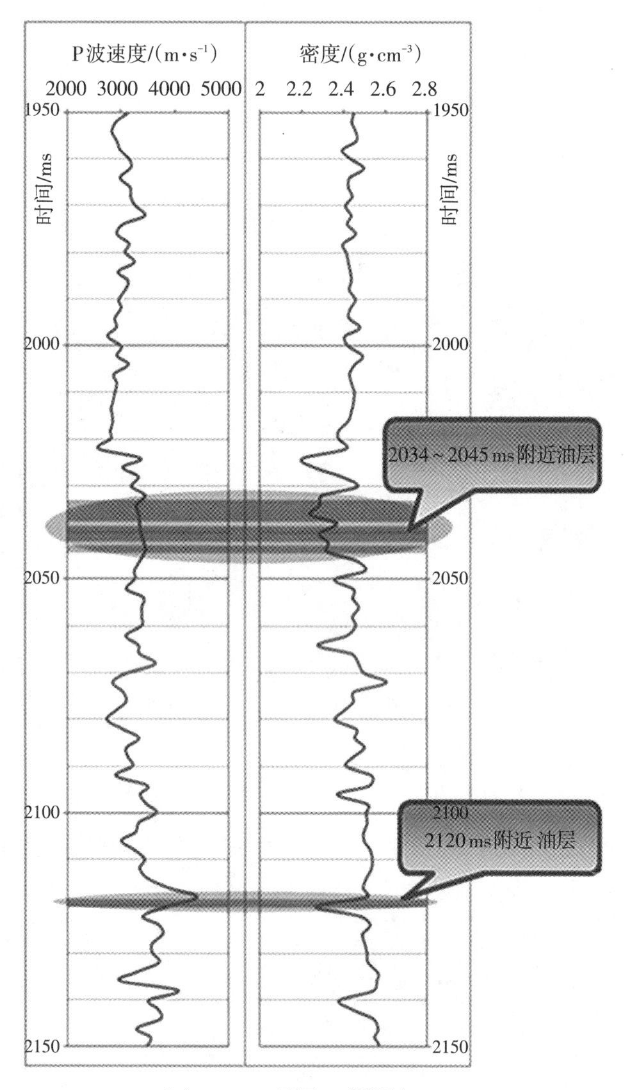

（a）QK18-2地区P6井资料

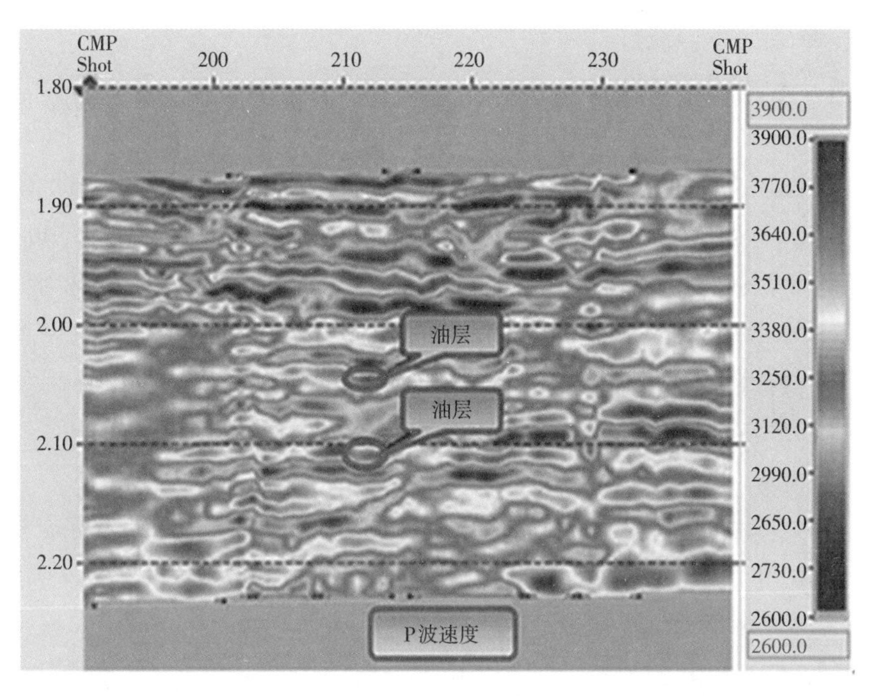

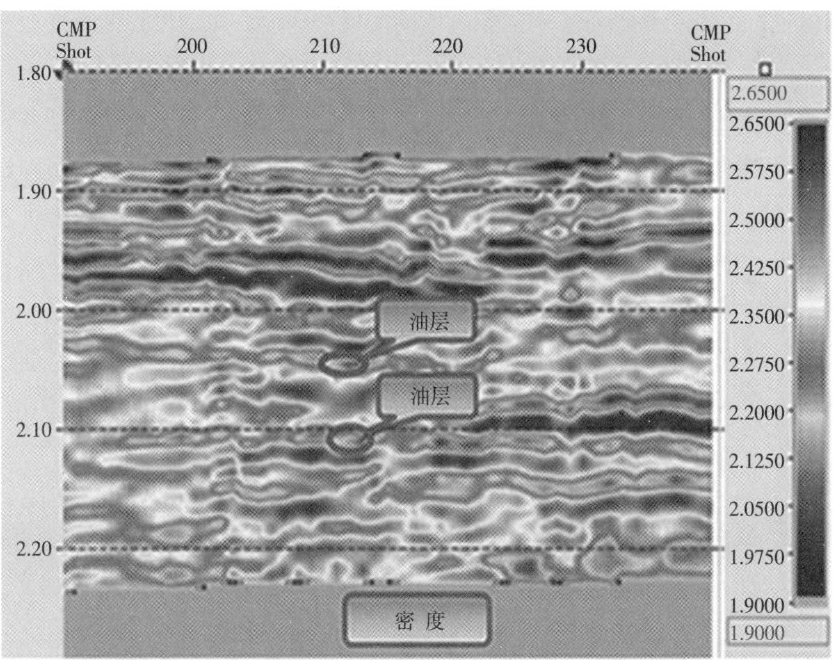

（b）QK18-2地区300线地震数据

图10-20　测井数据与地震数据的储层匹配

10.5 结论与建议

本书对3D-VSP勘探技术进行详述，并通过该技术对QK18-2 地区三维多波地震资料对该地区的岩石及岩石物性参数变化规律进行研究，结合该地区的地震剖面及测井资料进行子波提取、地震记录合成、剖面压缩及层位的对比与标定，用AVO技术对该地区弹性参数的敏感性分析，取得了较好的解释成果。本书在开展3D-VSP多波勘探解释方面得到以下结论和并提出相关建议。

10.5.1 3D-VSP多波资料处理及解释主要结论

（1）根据地震波传播的运动学和动力学特性，分别运用视速度和偏振两大特性将上下行波和纵横波分离；但是同时考虑视速度和偏振特性，将二者相结合会得到更好的分离效果。

（2）针对P-SV转换波，本书提出类似的双平方根转换波时距方程，在纵波速度已知的前提条件下，求取精度较高的横波速度，对动校拉伸畸变较严重的记录进行了切除。

（3）岩石物理是地质、地球物理和测井之间的桥梁，有了它才能把各种地震数据准确地转换成为岩性、物性、含油气性等有用的地质信息。岩石弹性性质的变化影响地震波在岩石中的传播，只有全面系统地分析不同岩石物理参数的特征，才能充分理解和把握储层段的岩石物理特征，建立岩石物理参数和储层特征间的关系，指导储层预测和油气检测。

（4）转换波剖面同相轴经压缩后与纵波偏移剖面相比，虽然有一定改观，但还是存在着一定差距；纵波与横波联合解释成果需要在一定条件的约束下，才能消除多解性与提高油气预测的准确度。

（5）采用纵横波的联合解释及压缩剖面方法，可以达到识别振幅及泊松比差异的效果，基本满足资料解释的需要。

（6）多波地震勘探资料在揭示砂岩含气方面具有一定的识别能力，多波多分量地震勘探对识别含气构造具有明显的作用，在剪切模量和弹性阻抗参数上有所体现。

（7）振幅比和频率比参数对砂岩含气具有一定的识别能力，可用于岩性解释，对识别含气构造具有明显的作用。但大多数含气或含油砂岩都是薄层，薄层中波的干涉使储积层许多地震特性不明显，储积层内与储积层上的各种因素能影响振幅异常，从而使振幅异常检测油气聚积技术面临一定困难。因此，利用振幅比剖面解释含油气性必须综合考虑地震、地质条件。对于振幅比剖面的地质解释，今后仍然需要进一步加以探讨和研究。

（8）岩石的物理性质会因地层含有一定数量的油气而发生变化，这种变化最终会在波的运动学或动力学特征上反映出来，从而被3D-VSP多波勘探所发现。但随着勘探目标的埋深和构造复杂程度的增加，勘探效果也会随之变差。因此，应对3D-VSP多波勘探的应用条件及效果进行深入研究。

（9）3D-VSP多波资料与纵波勘探资料一样，只有经过共反射点水平叠加处理后，得到水平叠加剖面才能进行解释。纯横波（SH波）的射线路径对称且无转换波，资料处理和纵波基本相同；多分量转换波（P-SV波）因其射线路径不对称，反射点不在炮检中点正下方，处理方法比较特殊，所以多波资料的处理主要就是转换横波的处理。

10.5.2　3D-VSP多波资料处理及解释相关建议

与地面地震相比，3D-VSP多波资料的信噪比与分辨率高。地震波的运动学和动力学特征明显，提供了地下地层结构同地面测量参数之间最直接的对应关系。地震信号频率较高，检波器是深度定位，提高速度分析精度，可以为地面地震资料处理解释提供精确的时深转换及速度模型。采用三分量检波器采集，能得到P-P波、P-SV波成像数据体，与地面地震联合解释可以提高地面地震的解释精度。以3D-VSP技术、井间地震技术和多波多分量技术为核心，并综合地面地震、测井、钻井和生产测试等多学科知识而形成的开发地震技术正在成为油田开发阶段油气藏描述和动态监测的有力工具，并能为油田制订或开发方案优化提供科学的依据。利用VSP上多次波同相轴的主要特征识别出的多次波，通过连井地震剖面，即可识别地面地震剖面上的多次波。

3D-VSP多波技术是VSP和三维地震采集技术相结合的技术，可以充分发挥两者各自的技术优势。3D-VSP多波地震波场十分复杂，其内包含了丰富的地质信息；三分量地震勘探是全波场激发和接收的地震勘探方法，在多分量地震记录的每个分量上都有不同的波型存在，能全面反映地下介质弹性和岩性信息的勘探。3D-VSP广泛用于纵横波速度估算与分析、井旁三维纵横波成像、VSP-AVOA分析、裂缝方位预测、三维波阻抗反演、Q值反演、各向异性分析及其他储层参数估算等，还能得到井周三维纵横波数据体，将这些数据处理成果用于储层目标区精细解释，有利于提高储层描述的可靠性和精度，储层物性和岩性分析能提高油气勘探和开发水平。3D-VSP多波资料处理及解释是一个复杂的课题，因此需要更多的研究人员花更多的时间进行探索。

参考文献

[1] AKI K, RIEHARDS P G. Quantitative seismology[M]. San Francisco: W. H. Freeman, 1980.

[2] VALENCIANO A A, MICHELNA R J. Stratigraphic inversion of poststack PS converted waves date[J]. SEG technical program expanded abstracts, 1949,19(1):2484.

[3] ALNASSER H, SHAIBAN A, YADARI N E, et al. Fundamentals and higher order harmonics separation and integration from vertical seismic profiling(VSP) data[C]. 82nd EAGE annual conference & exhibition, 2021:1-5.

[4] BAHORICH M, FARMER S. 3-D seismic discontinuity for faults and stratigraphic features: the coherence cube[J]. The leading edge, 1995, 14(10): 1053-1058.

[5] BLANCHARD T D, DELOMMOT P. An example of the measurement and practical applications of time-lapse seismic attenuation[J]. Geophysics, 2015, 80(2):25-34.

[6] BLIAS E. Accurate interval Q-factor estimation from VSP data[J]. Geophysics, 2012,77(3):149-156.

[7] BERNARDO M. Defining the geometry of a carbonate reservoir using VSP in a directional well: a case history from Pampo Field in Brazil's Campos Basin[J]. The leading edge, 2008, 27(8):982-987.

[8] BRÜCKL E, CHWATAL W, DÖLZLMÜLLER J, et al. A study of the application of VSP to exploration ahead of a tunnel[J]. International journal of rock mechanics and mining sciences, 2001, 38(6):833-841.

[9] CAN O, JEFFREY S. Image-domain DAS 3D VSP elastic transmission

tomography[J]. Geophysical journal international,2023,232(3):1914-1925.

[10] LEE C C,GOU W ROLLINS F,et al. 3D VSP processing and imaging: a case study at Mad Dog, Gulf of Mexico[C]. SEG technical program expanded abstracts,2016:5562-5566.

[11] CHEN J B , CAO J. Modeling of frequency-domain elastic-wave equation with an average-derivative optimal method[J]. Geophysics,2016,81(6):339-356.

[12] CHEN K,YANG W,ZHAO H,et al. VSP reverse time migration technology and its imaging effect[J]. Xinjiang petroleum geology,2022,43(5): 617-623.

[13] CHIU S K L,STEWART R R. Tomographic determination of three-dimensional seismic velocity structure using well-log vertical seismic profiles and surface seismic data[J]. Geophysics,1987,52:1085-1098.

[14] GERSZTENKORN A , MARFURT K J. Eigenstructure based coherence computations as an aid to 3-D structural and stratigraphic mapping[J]. Geophysics,1999,64(5):1468-1479.

[15] GHOLAMI R , MORADZADEH A , RASOULI V , et al. A new approach to determine geomechanical parameters of vertical transverse isotropic media using VSP data[J]. Journal of applied geophysics,2014,111:183-202.

[16] GREENWOOD A,CASPARI E,EGLI D,et al. Characterization and imaging of a hydrothermally active near-vertical fault zone in crystalline rocks based on hydrophone VSP data[J]. Tectonophysics,2019,750:153-176.

[17] GUREVICH B,GALVIN J. Fluid substitution,dispersion,and attenuation in fractured and porous reservoirs: insights from new rock physics modles[J]. The leading edge,2007,26(9):1162-1168.

[18] HALDORSEN J,MILENKOVIC M. High-resolution processing of VSP data [C]. Fifth eage workshop on borehole geophysics,2019,1-5.

[19] HEARN S,STRONG S. Investigation of azimuthal anisotropy in high-fold 3D multicomponent seismic reflection[J]. ASEG extended abstracts,2012(1):1-4.

[20] JIN C, CAO D P, YIN X Y. Joint waveform inversion with the separated

upgoing and downgoing wavefields of VSP data[J]. Journal of geophysics and engineering,2019,17(1):53-64.

[21] KÄSTNER F,GIESE R,PLANKE S,et al. Seismic imaging in the Krafla high-temperature geothermal field, NE Iceland, using zero- and far-offset vertical seismic profiling (VSP) data [J]. Journal of volcanology and geothermal research,2020,391:1-17.

[22] LARKI E, TANHA A A, PARIZAD A, et al. Investigation of quality factor frequency content in vertical seismic profile for gas reservoirs[J]. Petroleum research,2021,6(1):57-65.

[23] LEE C , MATSUOKA T , HODOTSUKA Y , et al. Fault mapping using a generalized image point transform of three dimensional reverse VSP data[J]. Journal of applied geophysics,2010,72(3):169-177.

[24] LICHM E , NORTHWOOD E J. Phase inversion deconvolution for long and short period multiples attenuation[J]. Geophysical prospecting,1995,43:469-486.

[25] LINES L, BOURGEOIS A, COVEY J. Traveltime inversion of offset vertical seismic profiles: a feasibility study[J]. Geophysics,1984,49(3):250-264.

[26] LIU Q,OWUSU J. Near-surface velocity and static model estimation from downgoing VSP multiples[J]. The leading edge,2005(6):576-580.

[27] LU J,WANG Y,YANG Y,et al. Pre-stack separation of PP and split PS waves in HTI media[J]. Geophysical journal international,2017,210(1):510-524.

[28] MACBETH C,LI X Y,ZENG X,et al. Processing of a nine-component near-offset VSP for seismic anisotropy[J]. Geophysics,1997:676-689.

[29] MACBETH C. Multi-component VSP analysis for applied seismic anisotropy [M]. Oxford: Pergamon,2002.

[30] MARFURT K J,KIRLIN R L,FARMER S L,et al. 3-D seismic attributes using a semblance-based coherency algorithm[J]. Geophysics,1998,63(4):1150-1165.

[31] MARFURT K J , SUDHAKER V , Gersztenkorn A , et al. Coherency

calculations in the presence of structural dip[J]. Geophysics, 1999, 64(1): 104-111.

[32] MARTÍNEZ K, MENDOZA J A. Urban seismic site investigations for a new metro in central copenhagen: near surface imaging using reflection, refraction and VSP methods[J]. Physics and chemistry of the earth, parts A/B/C, 2011, 36(16): 1228-1236.

[33] MATEEVA A, LOPEZ J, CHALENSKI D, et al. 4D DAS VSP as a tool for frequent seismic monitoring in deep water[J]. The leading edge, 2017, 36(12): 995-1000.

[34] MATSUSHIMA J, ZHAN L. S-wave attenuation estimation from walkaway vertical seismic profiling data in methane hydrate-bearing sediments at Nankai Trough, Japan[J]. Journal of applied geophysics, 2020, 173: 1-5.

[35] MAULTZSCH S, NAWAB R, YUH S, et al. An integrated multi-azimuth VSP study for fracture characterization in the vicinity of a well[J]. Geophysical prospecting, 2009, 57(2): 263-274.

[36] MEHDI A, POUYA A, ANDREJ B, et al. Orthotropic anisotropy analysis and parameter estimation from 3-D vertical seismic profile data[J]. Geophysical journal international, 2022, 229(2): 1338-1356.

[37] MONTANO M, LAWTON D, MARGRAVE G. Near-surface Q estimation: an approach using the up-going wave-field in vertical seismic profile data[C]. SEG technical program expanded abstracts, 2015: 5600-5604.

[38] OSTRANDER W J. Plane-wave reflection coefficients for gas sands at non-normal angles of incidence[J]. Geophysics, 1984, 49: 1637-1648.

[39] OHMINATO T, ITO H, KUWAHARA Y, et al. Vertical seismic profile(VSP) measurement of seismic attenuation due to fractures[J]. Geothermal science & technology, 1995, 5(1/2): 111-122.

[40] PAYNE M A, ERIKSEN E A, RAPE T D. Considerations for high-resolution VSP imaging[J]. The leading edge march, 1994(3): 173-180.

[41] PLACE J, NAVILLE C, MORETTI I. Fault throw determination using 4 component VSP: aigion fault(Greece) case study[J]. Tectonophysics, 2007,

440(1/2/3/4):141-158.

[42] PEVZNER R, GUREVICH B, UROSEVIC M. Estimation of azimuthal anisotropy from VSP data using multicomponent S-wave velocity analysis[J]. Geophysics,2011,76(5):1-9.

[43] REISER F, SCHMELZBACH C, MAURER H, et al. Optimizing the design of vertical seismic profiling (VSP) for imaging fracture zones over hardrock basement geothermal environments[J]. Journal of applied geophysics, 2017, 139:25-35.

[44] ROMAN I, ROMAN P, STANISLAV G, et al. An automated system for continuous monitoring of CO_2 geosequestration using multi-well offsetVSP with permanent seismic sources and receivers: Stage 3 of the CO_2 CRC Otway Project[J]. International journal of greenhouse gas control, 2021, 108:1-12.

[45] RUSSELL B H, HEDLIN K HILTERMAN F J, et al. Fluid-property discrimination with AVO: a biot-gassman prospective[J]. Geophysics, 2003, 68(1):29-39.

[46] SANGWAN P, KUMAR D, CHAKRABORTY S, et al. Nonlinear approach to spectral ratio method for estimation of seismic quality factor from VSP data [J]. Journal of applied geophysics, 2019, 167:33-41.

[47] SHATILO A P, SONDERGELD C, RAI C S. Ultrasonic attenuation in Glenn Pool rocks, northeastern Oklahoma[J]. Geophysics, 1998, 63(2):465-478.

[48] SULLIVAN E C, HARDAGE B, STRICKLAND C, et al. Application of three-component VSP technology at seismically difficult sites: an example from the FutureGen 2.0 site, Morgan County, Illinois, USA[J]. Energy procedia, 2014, 63:5051-5062.

[49] TAKOUGANG E M T, ALI M, BOUZIDI Y, et al. Extraction and characterization of faults and fractures from 3D VSP data in a carbonate reservoir: a workflow[J]. Journal of petroleum science and engineering, 2019, 182:1-7.

[50] TOVERUD T, URSIN B. Comparison of seismic attenuation models using zero-offset vertical seismic profiling(VSP) data[J]. Geophysics, 2005(2):17-25.

[51] TRAPPE H, HALLMICH G, FORLL M. Potential power in the application of seismic volume attributes[J]. First break, 2000, 18(9): 397-402.

[52] WANG Y H. Stable Q analysis on vertical seismic profiling data[J]. Geophysics, 2014, 79(4): 217-225.

[53] WANG W, MCMECHAN G A, ZHANG Q. Comparison of two algorithms for isotropic elastic P and S vector decomposition[J]. Geophysics, 2015, 80(4): 147-160.

[54] WANG W, MA J. Velocity model building in a crosswell acquisition geometry with image-trained artificial neural networks[J]. Geophysics, 2020, 85(2): 31-46.

[55] WANG Y, WANG B, TU N, et al. Seismic trace interpolation for irregularly spatial sampled data using convolutional autoencoder[J]. Geophysics, 2020, 85(2): 119-130.

[56] WU X, LIANG L, SHI Y, et al. FaultSeg3D: Using syonthetic data sets to train an end-to end convolutional neural network for 3D seismic fault segmentation [J]. Geophysics, 2019, 84: 35-45.

[57] WINKLER K W, NUR A. Seismic attenuation: effects of pore fluids and frictional-sliding[J]. Geophysics, 1982, 47(1): 1-15.

[58] WYATT K D. Synthetic vertical seismic profile[J]. Geophysics, 1981, 46(6): 880-891.

[59] WYATT, K D. Synthetic vertical seismic profile[J]. Geophysics, 2012, 46 (6): 162-178.

[60] XIAO X, LEANEY W S. Local vertical seismic profiling(VSP) elastic reverse-time migration and migration resolution: salt-flank imaging with transmitted P-to-S waves[J]. Geophysics, 2010, 75(2): 35-49.

[61] YADAV U S, SHUKLA K M, OJHA M, et al. Assessment of gas hydrate accumulations using velocities derived from vertical seismic profiles and acoustic log data in Krishna-Godavari Basin, India[J]. Marine and petroleum geology, 2019, 108: 551-561.

[62] YAN H Y, LIU Y. Estimation of Q and inverse Q filtering for prestack

reflected PP- and converted PS-waves[J]. Applied geophysics,2009,6(1):59-69.

[63] YANG F, MA J. Deep-learning inversion: a next generation seismic velocity-model building method[J]. Geophysics,2019,84:583-599.

[64] YU G, CAI Z, CHEN Y, et al. Walkaway VSP using multimode optical fibers in a hybrid wireline[J]. The leading edge,2016,35(7):615-619.

[65] YU G, LIU H B, CAO Z L, et al. Joint OBN and 3D DAS-VSP data acquisition and processing in the East China Sea[J]. First break,2022,40(9):37-48.

[66] ZHANG G, LIN C, CHEN Y. Convolutional neural networks for microseismic waveform classification and arrival picking[J]. Geophysics,2020,85(4):227-240.

[67] ZHANG X, CHEN H, ZHANG W, et al. Generalized neural network trained with a small amount of base samples: application to event detection and phase picking in downhole microseismic monitoring[J]. Geophysics,2021,86(5):95-108.

[68] ZHAO J, GAO J, WANG D, et al. Q-factor and velocity inversion from zero-offset VSP data[J]. Journal of applied geophysics,2014,101:51-67.

[69] ZHOU R, HARDAGE B A, SHEARER D. Interval azimuthal anisotropy from walkaround VSP with application in marcellus shale[C]. 3rd EAGE workshop on borehole geophysics,2015.

[70] 卞志彬,刘明洋,张小慧,等. 三维VSP振幅比与频率比求取及意义[J]. 石油天然气学报(理工卷),2010,9:223-225.

[71] 蔡伟涛. 三维多波资料联合解释方法研究及应用[D]. 成都:成都理工大学,2010.

[72] 蔡志东,李青,王冲,等. 利用VSP多波资料预测地层深度及油气属性[J]. 岩性油气藏,2019,31(1): 106-112.

[73] 蔡志东,王世成,韦永祥,等. VSP波场研究与应用现状[J]. 石油物探,2021,60(1):81-91.

[74] 陈可洋,杨微,赵海波,等. VSP逆时偏移技术及其成像效果[J]. 新疆石油地质,2022,43(5):617-623.

[75] 陈林. 三维VSP技术的应用与展望[J]. 勘探地球物理进展,2007,3:162-167.

[76] 陈沉忠,胡光岷,赵宝银,等. 分布式光纤三维VSP成像方法研究[C]//石油地球物理勘探编辑部. 中国石油学会2021年物探技术研讨会论文集,2021.

[77] 陈颙,黄庭芳. 岩石物理学[M]. 北京:北京大学出版社,2001.

[78] 仇燕. 斜井VSP射线追踪正演模拟[D]. 成都:成都理工大学,2008.

[79] 丁拼搏,李录明,邓颖华. 非零偏VSP多波波场分离方法[J]. 物探化探计算技术,2011,33(5):477-482.

[80] 范廷恩,余连勇,杨飞龙,等. 斜井VSP高斯射线束正演方法[J]. 中国海上油气,2014,26(5):30-35.

[81] 范祯祥,郑仙种. 地震波参数反演与应用技术[M]. 郑州:河南科学技术出版社,1998.

[82] 冯魁,张晓帆,陈川,等. 开发地震技术及进展[J]. 地质与资源,2009(1):64-69.

[83] 甘永忠. 用P-SV波叠加剖面合成横波层速度剖面[J]. 石油地球物理勘探,1995,30(1):56-61.

[84] 郭建. VSP技术应用现状及发展趋势[J]. 勘探地球物理进展,2004(1):1-8.

[85] 韩璇颖. 基于频率域粘弹性波动方程VSP多参数反演[D]. 青岛:中国石油大学,2020.

[86] 侯伯刚. AVO处理解释技术研究及应用[D]. 北京:中国地质大学,2005.

[87] 黄德济,贺振华,赵宪生. 多波层位对比的原则与方法[J]. 物探化探计算技术,1996,18(3):194-205.

[88] 贺振华,黄德济,文晓涛. 裂缝油气藏地球物理预测[M]. 成都:四川科学技术出版社,2007.

[89] 贺振华,王才经,李建朝,等. 反射地震资料偏移处理与反演方法[M]. 重庆:重庆大学出版社,1989.

[90] 贺振华. 岩石物理学[M]. 成都:成都理工大学,2008.

[91] 洪余刚,李亚林,李忠,等. 多分量地震资料层位对比[J]. 天然气工业,2008,28(9):41-43.

[92] 胡朝勇,朱明,修中标.多波多分量地震勘探的现状与发展趋势[J].科技信息,2009,26:308-310.

[93] 胡振国.定向井VSP数据采集与处理技术研究[D].青岛:中国石油大学,2019.

[94] 姜秀清.储层地震属性优化及属性体综合解释[D].广州:中国科学院研究生院(广州地球化学研究所),2006.

[95] 柯璇.VSP数据逆时偏移成像方法[D].大庆:东北石油大学,2019.

[96] 乐友喜,薛志刚,张建宁,等.储层地震预测应用条件及其实例分析[J].物探化探计算技术,2009(5):488-493.

[97] 李本才,曹卿荣,李珮,等.垂直地震测井(VSP)技术在薄层砂体识别中的应用[J].岩性油气藏,2010,22(1):109-113.

[98] 李国发,彭苏萍,高日胜,等.复赛谱域提取混合相位子波的方法[J].天然气工业,2005,25(1):85-87.

[99] 李录明,李正文.地震勘探原理、方法和解释[M].北京:地质出版社,2007.

[100] 李录明,罗省贤.多波AVA及岩性预测[J].石油地球物理勘探,1996(2):190-204.

[101] 李录明,罗省贤.多波资料处理及解释方法的研究进展[J].石油地球物理勘探,2006,41(6):663-671.

[102] 李录明,罗省贤,江南森.斜井三维VSP多波资料处理解释方法[J].石油地球物理勘探,2014,49(2): 252-258.

[103] 李录明,罗省贤.VTI介质三维VSP多波联合叠前AVA岩性参数反演方法及应用[J].成都理工大学学报(自然科学版),2017,44(5):513-520.

[104] 李晓光.多波多分量数值模拟与数据处理方法[D].北京:中国地质大学,2006.

[105] 李岳.面向VSP资料的地层品质因子频率域波动方程反演[D].青岛:中国石油大学,2020.

[106] 林龙生,王文文.基于垂直地震剖面(VSP)的地层压力预测方法研究[J].中国石油和化工标准与质量,2021,41(11):1-2.

[107] 刘明洋,郭韬,沈铭成,等.多道统计法提取子波及其应用[J].石油天然

气学报,2010,32(5): 238-240.

[108] 刘明洋. 三维VSP多波资料联合解释方法研究及应用[D]. 成都:成都理工大学,2011.

[109] 刘洋,魏修成,赵伟,等. 斜井VSP三分量检波器定向方法[J]. 石油地球物理勘探,2008,43(1):34-40.

[110] 马洋洋. 井中微地震监测与VSP成像的研究与应用[D]. 合肥:中国科学技术大学,2023.

[111] 马劲风,傅旦丹,刘异峰,等. 转换波人工合成记录制作及纵横波层位对比[J]. 石油地球物理勘探,2004,39(1):60-67.

[112] MITTET R. 将变井源距垂直地震剖面数据变换成逆VSP数据[J]. 石油物探译丛,1996(3):81.

[113] 牟风明. 三维VSP波场分离与成像[D]. 北京:中国石油大学,2008.

[114] 牟永光,陈小宏,李国发,等. 地震数据处理方法[M]. 北京:石油工业出版社,2007.

[115] 斯兴焱,李录明,胥良君,等. 三维VSP多波速度分析方法及应用[J]. 石油物探,2012,51(1): 56-64.

[116] 宋维琪,刘江华,王小马,等. 预测油气的地震属性优化组合、灰关联分析技术[J]. 石油勘探与开发,2002,29(5):34-36.

[117] 宋玉龙. 三维VSP地震勘探技术[M]. 北京:石油工业出版社,2005.

[118] 苏媛媛. 三维VSP多波速度分析及动校正方法[D]. 成都:成都理工大学,2010.

[119] 孙鹏远,孙建国,卢秀丽. P-SV波AVO方法研究进展[J]. 地球物理学进展,2003,18(4):602-607.

[120] 孙赞东. 三维三分量VSP方法原理及应用[M]. 北京:石油工业出版社,2011.

[121] 涂齐催. VSP射线追踪模拟与处理方法研究及应用[D]. 青岛:中国石油大学,2007.

[122] 王保丽,印兴耀. 基于弹性波阻抗的拉梅参数反演与应用[J]. 应用地球物理(英文版),2006,3(3):174-178.

[123] 王立娟. 三维VSP多波波场分离方法研究[D]. 成都:成都理工大学,

2010.

[124] 王威,李臻,田敏,等. 岩性-地层油气藏勘探方法技术研究现状及进展[J]. 岩性油气藏,2009,21(2):121-125.

[125] 王瑜. VSP三分量资料时变偏振分析[D]. 西安:长安大学,2012.

[126] 王云宏. 斜井VSP速度分析与成像方法研究[D]. 西安:长安大学,2010.

[127] 肖鹏. VSP波场分离方法研究[D]. 北京:中国石油大学,2018.

[128] 小忍. 为了“看清、识别”地下的油气藏:油气勘探三维地震解释技术进展[J]. 石油知识,2008(6):10-11.

[129] 邢春颖. 利用转换波地震资料实现对岩性与含油气性信息的地质解释[D]. 北京:中国地质大学,2005.

[130] 杨文采. 地球物理反演的理论与方法[M]. 北京:地质出版社,1997.

[131] 印兴耀,周静毅. 地震属性优化方法综述[J]. 石油地球物理勘探,2005(4):482-489.

[132] 严又生,宜明理,魏新,等. 三维三分量VSP数据处理方法及效果[J]. 石油地球物理勘探,2005(1):18-24.

[133] 容娇君. 弹性AVO反演[D]. 成都:成都理工大学,2008.

[134] 张广娟,胡天跃. 地震波AVO岩性分析[J]. 石油地球物理勘探,2002,37(6):578-584.

[135] 张海兵. 高阶交错网格有限差分VSP模拟及数据处理[D]. 杭州:浙江大学,2018.

[136] 赵俊省. 斜井三维VSP多波射线正演方法及应用[D]. 成都:成都理工大学,2010.

[137] 赵茂强. 基于声波方程的三维VSP逆时偏移技术[J]. 内蒙古石油化工,2018,44(2):86-88.

[138] 郑儒. 三维VSP上下行波及多波波场分离方法研究[D]. 成都:成都理工大学,2013.

[139] 郑晓东. AVO理论和方法的一些进展[J]. 石油地球物理勘探,1993,27(3):305-317.

[140] 钟峙. 三维多波叠前参数反演与应用研究[D]. 成都:成都理工大学,2010.

[141] 邹文. 基于地震资料的流体识别技术研究[D]. 成都:成都理工大学,2008.

[142] 周竹生. P-SV和SH波的AVO分析[J]. 石油地球物理勘探,1993,28(4):430-438.

[143] 朱光明. 垂直地震剖面方法[M]. 北京:石油工业出版社,1988.

后　记

3D-VSP多波勘探是集井中地震、多波勘探为一体的地震勘探方法，因3D-VSP多波资料既含有精确的深度信息又含有丰富的地层岩性信息，较地面地震有不可比拟的优势。但是由于3D-VSP多波特殊的观测方式，需要有特定的处理和解释方法。3D-VSP多波资料与纵波勘探资料一样，只有经过共反射点水平叠加处理后，得到水平叠加剖面才能进行解释。本书针对3D-VSP多波资料的特殊性，通过研究一系列叠前处理方法和解释方法建立叠前处理流程，满足3D-VSP多波处理及解释的需要。同时在3D-VSP多波动校正道集的基础上，实现3D-VSP多波叠前参数反演，可直接获得地层纵波速度、横波速度、密度参数，可为储层预测提供可靠依据。

本书对3D-VSP勘探技术进行详述，基于3D-VSP多波资料基本理论并通过该技术针对歧口18-2油田三维多波地震资料对该地区的岩石及岩石物性参数变化规律进行分析。结合该地区的地震剖面及测井资料进行子波提取、地震记录合成、剖面压缩及层位的对比与标定，以及用AVO技术对该地区弹性参数的敏感性分析，实现3D-VSP多波资料处理及解释，取得了较好的解释成果。

3D-VSP多波资料处理是一项系统工程。由于观测系统的特殊性，数据处理既不能借用常规的非零井源距多分量VSP数据处理方法，也不能采用目前地面地震多分量数据的处理方法。为此，本书针对3D-VSP多波数据的特点在二维VSP速度分析、波场分离、纵波和转换波的三维深度成像等几个方面进行研究，摸索出一套处理方法。通过对3D-VSP数据的处理，得到纵波、横波速度比；通过三分处理及基于拉冬变换和偏振分析的联合波场分离方法，有效地分离出上行纵波和转换波；根据速度反演结果，在深度域对纵波和转换波进行成像，分别得到两个成像数据体，具有良好的对比性有利于资料解释。转换波成像显示出更高的分辨率和信噪比，具有良好的应用前景。

本书撰写过程中，李录明教授、陈辉教授、周怀来教授提出了建设性意见和建议，特别是李录明教授给予了无私支持与帮助，在此表示衷心感谢；写作过程中还得到了钟峙、王立娟、赵俊省、苏媛媛、蔡伟涛等师兄、师姐及其他同门的大力支持，在此深表谢意。由于作者水平有限，本书难免存在疏漏与不足，恳请各位专家、学者与各界朋友斧正。

刘明洋

2024年3月12日